王森烘焙教室

王森
经典面包教科书

U0174395

主　编　王　森

参　编　张婷婷　栾绮伟　于　爽　向邓一　张　姣

　　　　嵇金虎　霍辉燕　周建祥　成　圳　顾碧清

　　　　韩　磊　杨　玲　尹长英　韩俊堂　朋福东

　　　　乔金波　苏园园　孙安廷　王启路　武　文

　　　　赵永飞

机械工业出版社
CHINA MACHINE PRESS

面包渐渐成为很多人的主食担当，经典的法棍、德国结，香甜松软的红豆面包、北海道蜂蜜吐司，酥脆的羊角面包、咖啡空间，紧实有嚼劲的黑麦面包、凯撒面包，总有一款能获得你的青睐。本书从面包制作的材料、工具、发酵方法、发酵的主要阶段、工序流程、整形手法介绍起，带你掌握面包制作的入门知识，再按照日式面包、法式面包、德式面包、其他欧式面包分类，介绍了62款面包的配方、制作方法，并附有AI绘图来展现产品层次，附有视频展示，供你扫码观看学习。

本书可供专业面包师学习，也可作为面包"发烧友"的兴趣用书。愿品种多样、口感丰富的面包能为你的生活带来一抹惊喜。

图书在版编目（CIP）数据

王森经典面包教科书 /王森主编. — 北京：机械工业出版社，2020.10
（王森烘焙教室）
ISBN 978-7-111-66265-5

Ⅰ.①王… Ⅱ.①王… Ⅲ.①面包 – 烘焙 Ⅳ.①TS213.21

中国版本图书馆CIP数据核字（2020）第140485号

机械工业出版社（北京市百万庄大街22号 邮政编码100037）
策划编辑：卢志林 责任编辑：卢志林
责任校对：黄兴伟 封面设计：任珊珊等
责任印制：孙 炜
北京利丰雅高长城印刷有限公司印刷

2020年10月第1版第1次印刷
210mm×260mm・14印张・2插页・337千字
标准书号：ISBN 978-7-111-66265-5
定价：88.00元

电话服务 网络服务
客服电话：010-88361066 机 工 官 网：www.cmpbook.com
010-88379833 机 工 官 博：weibo.com/cmp1952
010-68326294 金 书 网：www.golden-book.com
封底无防伪标均为盗版 机工教育服务网：www.cmpedu.com

前　言

　　烘焙这个行业，近年来逐渐走入寻常生活中，无论是面包店还是家庭烘焙，都越来越多，并且越深入到这个行业里面，发现的乐趣越多。很高兴"王森烘焙教室"系列图书与大家见面了。这套图书与我以往编写的书区别较大，创新较多，希望借助这套书让大家进一步了解烘焙。

　　烘焙是一个比较广泛的说法，包含的内容比较多。本系列图书一共 3 本，分成 3 个不同的方向，分别是基础烘焙、经典面包、经典蛋糕。在表达方式上使用了 AI 绘图来表现产品的层次，使产品内容更加直接地展示在大家面前。同时，也在大部分产品制作中配有免费视频，只需用手机扫一扫，就可尽收眼底。

　　《王森经典烘焙教科书》包含的产品种类比较多，有饼干、马卡龙、蛋糕、泡芙、小零食、挞派及面包，偏向烘烤型产品，适合烘焙初级学员和爱好者。《王森经典面包教科书》涵盖日式面包、法式面包、德式面包以及其他欧式面包，适合面包店从业人员和喜爱面包烘焙的受众。《王森经典蛋糕教科书》同样适合面包店工作人员和蛋糕尤其是慕斯蛋糕的烘焙爱好者，产品难度分为入门级蛋糕、进阶级蛋糕与高阶级蛋糕，可根据自己当前水平选择适合的类型，逐步提升烘焙能力。

　　每本书的前面都加上了实用性很强的基础知识，如蛋白的打发程度判断、基础馅料的调制等。每个作品都有 AI 绘图来展示产品的层次结构，每个作品都有制作难点解析来答疑解惑，更有免费的高清视频手把手地教你每个步骤的制作，希望对大家提升烘焙技术有所帮助。

　　兴趣是最好的老师，在翻阅之余，也期待大家对本套书籍提出意见与指导。祝阅读愉快，生活如烘焙般甜蜜。

目　录

前言

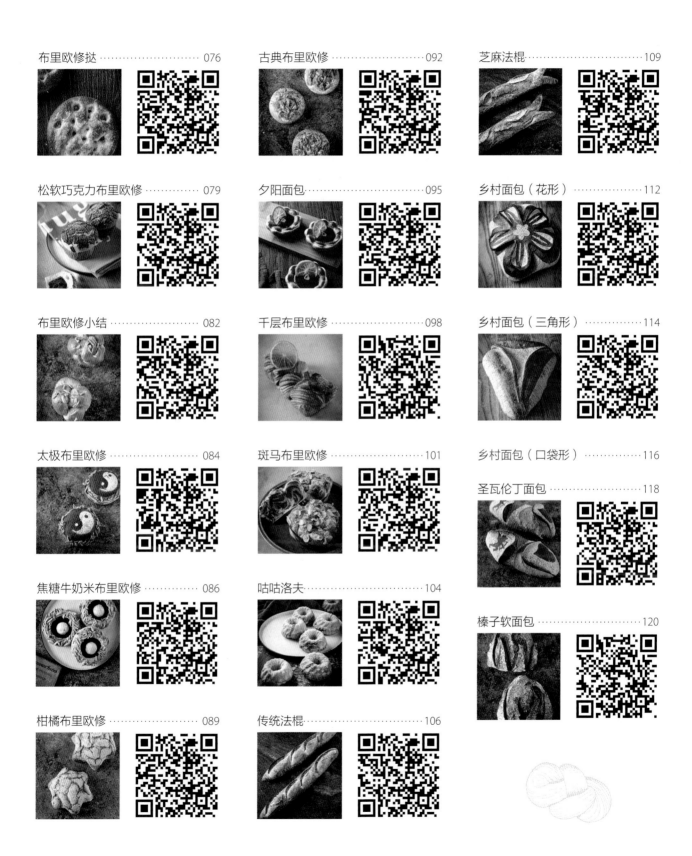

德式面包

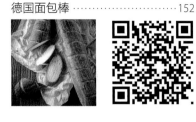

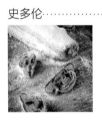

其他欧式面包

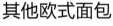

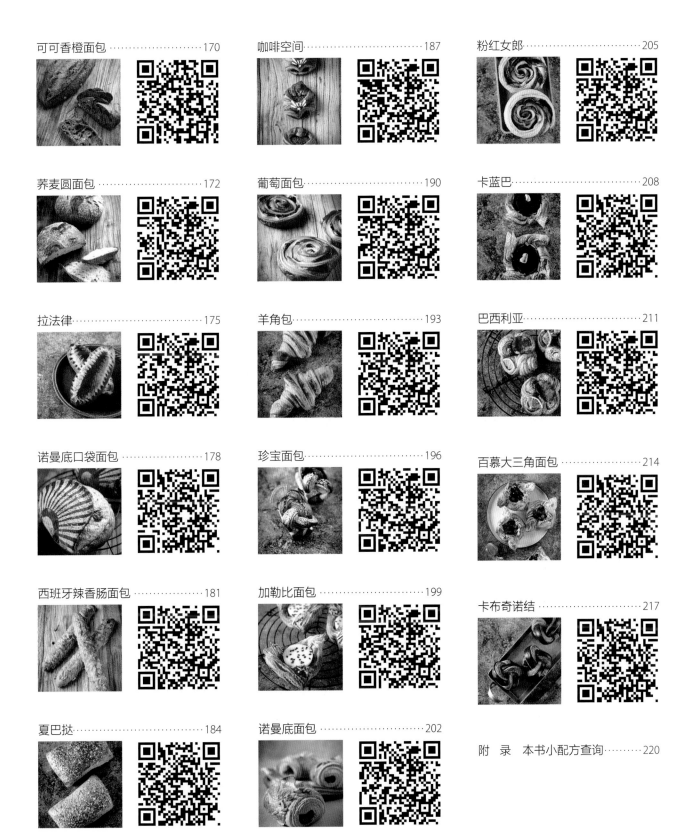

面包制作的基础知识

面包的发展和分类

面包是最普通和常见的食物之一，是很多人赖以生存的主食，在世界范围内都有不同程度的普及度。面包的产生是自然界给予的一种馈赠，面粉、水和酵母组合在一起，通过发酵这一神奇的过程就能酝酿出万千可能，在酵母菌的作用下面团从内部膨胀，继而形成精致的孔洞，或大或小、或圆或方，烘烤后内部或松软或紧实。

长久以来人们一直力求将基本的原材料变得更加丰富和精细，随着面包的制作工艺和市场需求的变化，出现了更加健康、更为丰富的面包种类，各地区也大致形成了自己特有的面包类型，如在亚洲，从高糖、高油类面包的风靡，到如今追求低油、低糖的趋势。近些年软质面包、料理面包等越来越多的面包品种受到大众的欢迎。

要想烘焙出较高品质的面包，归根结底在于通过控制状态、时间和温度来把握面包制作的每个环节。"控制"在面包制作中非常重要。制作过程中的每一个决定、每一步操作都有可能影响面包的品质，也都会在最后的成品中得到不同程度的体现，烘焙的乐趣也来自于此。

面包的发展

追溯面包的进化史，面包雏形的出现可追溯至新石器时代，史前时代古希腊一带已经开始种植小麦，从遗留的化石中发现了一种类似混合粉类和水烤成的煎饼状食物，被视为面包的原型。

最早考古发现的发酵面包则来自古埃及，大约在公元前4000年。最早的发酵是自然产生的，因为酵母孢子在空气中、果实中几乎无处不在，它们不经意间就有可能附着于面团表面，面团就仿佛被赋予了新的生命。后来面包师将一块已经有酵母生长的剩余面团加入新面团中使其发酵，从而慢慢掌控了发酵的进程。

大约公元前300年，酵母生产在古埃及形成了一种细分的行业。在希腊和罗马时代，特别是罗马时代晚期，小麦面包成了主流，用面粉制作面包的方式更为发达，开始出现了专门的面粉磨坊和面包工坊，面包师傅应运而生。

时间轴推到中世纪，在欧洲出现了"面包师"这种专业人士，甚至出现了相关的法令和职业工会用以规定面包的规格。面包不仅是食物，也成为阶级的象征。

白面包的普及要追溯到17世纪。在这之前的文艺复兴不仅仅给艺术带来了变化，对面包产生的影响也是深远的，面包开始深入民间，人们开始在家里制作面包。公元1800年左右，随着工业革命的发展，在英国，拥挤的城市涌入了更多的人口，面包房承担了更多的面包生产份额，制作面包基本由专业面包师负责，更多的人选择直接购买面包而不是自己制作面包。同时，在这一时期，路易斯·巴斯德开启了微生物研究的新领域，第一次向世人较为全面地展示了酵母菌的生理过程，为酵母菌繁殖奠定了科学基础。

到了 20 世纪，面包开始了工业化生产，其中大部分面包是由大型中央工厂制作的。在美国，酵母以工业化的方式生产，工厂化的制造系统取代了生物化的发酵方式，缩短了制作时间，同时也提升了面包的品质和口感，更多种类的面包也随之被开发出来。

到了现代，人们越来越追求面包味道和质感的回归，对各种天然酵种的追求、对传统制作技法的探索，伴随各种烘烤器械的出现、家庭制作面包的兴起等烘焙热潮，烘焙的乐趣变得越来越多元化。

面包的分类

鉴于面包制作工艺的衍化，面包品种的纷繁复杂，对面包的分类也不可一概而论，根据不同需求、不同材料，大众对面包分类的界定也不同。

- 根据面包的用途可将面包划分为主食面包和点心面包。
- 根据制作面包的材料可将面包分为白面包、全麦面包和杂粮面包。
- 根据面包呈现的质感可将面包划分为软质面包、硬质面包、脆皮面包和松质面包。其主要特点如下：
  ◎ 软质面包组织松软，质量较轻，体积膨大，质感细腻而富有弹性，最具有代表性的就是甜面包。
  ◎ 硬质面包的种类繁多，西方国家对硬质面包的接受率极高，浓郁的小麦香气、结实而有弹性的口感是其最大的特点。
  ◎ 脆皮面包以法式面包最为突出，法式面包因外皮干脆而内部松软的特色闻名世界。
  ◎ 松质面包最典型的代表是丹麦面包，因面团中包入片状黄油且经过几次折叠擀压，造就了其内部结构层次分明、口感酥松的特点。

面包制作的材料

面包的制作中材料尤为重要，原材料是构建面包的根本。从面包的发展历史和制作工艺来看，对于面包最为重要的要属小麦面粉和水，这两部分是构成面包的核心。随着盐这种调味品及酵母的出现，面包的制作工艺随之进步，面包的风味也在发生着变化。

无论如何衍生与变化，面包的制作中四种基础材料必不可少，即面粉、水、盐和酵母。除基础材料外，添加材料的加入可以提升面包的口味，也催生了面包的种类与形态的不同。添加材料可以归结为油脂、糖、乳制品、鸡蛋等类。当然，除了基础材料和所列举的添加材料，其他材料也会被添加进面团中用来增加风味和口感。

基础材料

面粉

面粉是面包的精髓，可谓面包的心脏和灵魂。面包制作中使用的面粉基本是小麦面粉，小麦面粉更适合制作面包，其原因要从小麦面粉中含有的两个成分——淀粉和蛋白质说起。

面粉

◎ 小麦面粉中所含蛋白质、淀粉与面包制作的关系

小麦面粉蛋白质包含麦谷蛋白、麦胶蛋白、麦清蛋白、麦球蛋白及蛋白酶，其中麦谷蛋白和麦胶蛋白对制作面包起到了重要的作用。这两种蛋白质的特质是具有弹性，且有很强的黏合性和拉伸性，在搅拌的过程中可以把水锁住，形成一种独特的网状结构物——面筋。

伴随着发酵的产生，二氧化碳气体填充在网状结构中使面团膨胀，富有弹性，面筋因加热产生固化，同时小麦面粉中含有的淀粉遇水加热产生糊化和热凝固的现象，此时面团就成了蓬松富有独特香气的面包。所以，是小麦面粉赋予了面包整个架构，既支撑着面团膨胀，又赐予面包弹性的口感。

◎ 关于面粉的分类

目前比较普遍用到的关于面粉的分类方式有两种，一种是根据面粉中蛋白质含量划分，另一种是根据面粉的灰分含量划分。灰分是指小麦面粉所含的矿物质，灰分含量决定了小麦风味的丰富程度。灰分含量越高，矿物质含量就越高，面粉的颜色就越深；反之，灰分含量越低，面粉的颜色就越白。具体分类如下。

根据蛋白质含量划分小麦面粉

类别	面筋强度	蛋白质含量	用途	粉质颗粒粗细
高筋面粉	强韧	11.5%~14.5%	面包	粗
中筋面粉	稍软	8%~10.5%	中式面点、糕点	细
低筋面粉	弱	6.5%~8.5%	蛋糕、饼干等	极细

● 区分高筋面粉和低筋面粉的小窍门

用手抓取适量面粉，握紧，再张开手掌，如果面粉呈松散状且不粘在掌心处，则判定为高筋面粉；如手掌有湿润的触感，面团有结块感且残留有手指痕迹，则判定为低筋面粉。

● 面包制作过程中的手粉首选高筋面粉

高筋面粉颗粒较粗，手粉的作用是避免面团粘手或粘在台面、模具上，粗糙的高筋面粉比较不容易粘，手粉的使用量应控制在最小使用量范围内。

根据灰分含量的高低划分法国小麦面粉

灰分	灰分含量以递增形式呈现，T 后面数字越大灰分含量越大					
类别	T45	T55	T65	T80（石磨粉）	T110	T150

注：T=Type= 类型，国内称之为 T 系列面粉，法国小麦粉类别根据 100 克面粉中灰分的含量而定。

根据灰分含量的高低划分黑麦面粉

灰分	灰分含量以递增呈现，T 后面数字越大灰分含量越大，颗粒由细到粗				
类别	T85	T110	T130	T180	……

注：黑麦面粉是由黑小麦研磨制成的，其蛋白质成分中缺少麦谷蛋白，所以无法构成面筋网络，因此用黑麦面粉制作的面包，内部组织会比较紧实。黑麦面粉的营养价值很高，盛产于德国、俄罗斯。

水

水是面包制作中必不可少的基础材料，起到纽带的作用，水和其他物质成分发生一系列的反应后，面包才得以制作完成。

水

● 小麦粉中的蛋白质只有吸收了水分才能形成面筋结构，淀粉与水分结合遇热才能形成糊化现象。

● 水起到了溶剂的作用，润湿面粉，溶解盐、酵母、糖等其他干性材料。

● 水可以调节面团的软硬度。

● 水的温度至关重要，水温是面团温度的其中一个决定因素，水温过低会造成酵母活性不活跃，发酵不足；水温过高，搅拌而成的面团会造成成品状态不理想，如组织粗糙。

盐

在面包的制作过程中，盐的作用除了提味外，还可以紧实面筋的网状结构，适度调节发酵。面团中盐的添加量一般是 1%~2.2%。常见盐的种类有岩盐、海盐、加碘盐、粗盐等。

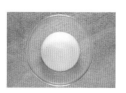
盐

需要提及的是，盐对酵母的繁殖和产气存在一定的抑制作用，盐也会令酵母脱水死亡，所以搅打面团时需要分开添加盐、酵母，也可以采取后盐法的方式，即在面团搅打的后期加入盐。

酵母

酵母是决定面团发酵得以膨胀的最重要材料。其工作原理是利用酒精发酵产生二氧化碳，使面团膨胀，面包的香气与气味来自酵母释放的芳香性酒精及有机酸。

酵母

常用的市售酵母品种有鲜酵母、干酵母、即发高活性干酵母。

另外，高糖型酵母和低糖型酵母也是酵母的另一种分类标准，高糖型酵母主要用于含砂糖且量大的面团中，其所含的蔗糖转化酶会加速糖的分解，给酵母提供营养，促进面团膨发。低糖型酵母多用于不含糖的面包制作中，其麦芽糖活性很高，麦芽糖由淀粉分解而来，而单糖分子是由麦芽糖分解而来，单糖分子是低糖酵母养分的主要来源。

添加材料

油脂

油脂的作用可以简单归结为面团的润滑剂，油脂的添加可以增加面包的特性及风味，防止水分蒸发，延缓面包老化，提升面团的延展性，提升保气能力。但油脂在搅拌的过程中会有阻碍面筋形成的问题，所以搅拌面团时添加油脂的时间需特别注意。

油脂

制作面包的油脂最具代表性的有黄油（熔点在35℃左右）、片状油（起酥油），根据面包种类不同，橄榄油或植物油也会被添加到面包的制作中，每一种油脂的特性都不同，选用时应根据需求而定。

糖

糖是面包制作中重要的甜味来源，具有保水性，使面包不易变硬，延长面包保质期。另外，部分蔗糖释放的葡萄糖和果糖之类的单糖会给酵母提供营养来源，促进发酵，在烘烤阶段引发梅纳反应，这也是面包呈色的最主要原因，不过因为糖对热量的敏感度不同，需要选择适合不同需求的糖来制作面包。

糖

糖也常被用在面包馅料或装饰材料的制作中。

小知识

- 焦糖化反应

  糖类加热到熔点以上的高温所产生的褐变反应。糖质受热，水分蒸发，转为透明糖浆再变成黄色、褐色，适当的焦糖化反应给予了面包迷人的焦糖般色彩及特殊的风味。

- 梅纳反应

  梅纳反应是指将游离氨基酸与碳水化合物（如单糖、双糖）一起加热超过一定温度时引发的一连串复杂的反应，从而产生多种迷人香气和棕色物质。

乳制品

将乳制品添加到面包中可以为面包增加营养，因乳制品富含蛋白质、矿物质和维生素。加入乳制品还可以提升面包的风味和香气，改善面包的色泽，并延缓老化的速度。

面包制作中常用到的乳制品有奶粉、牛奶、炼乳、淡奶油等。需要注意的是，若用牛奶作为液体材料替换全部水或部分水的时候需要换算，因为牛奶中有 12% 为固态部分。

乳制品

鸡蛋

鸡蛋的加入可以增加面包的营养，改善面包外皮的颜色和光泽，蛋黄中的卵磷脂也可以延缓面包的老化，为面包带来醇香风味。同时，鸡蛋的加入可以使面包的内部组织变得更加蓬松，因为蛋液中所含的蛋白质成分可以很好地锁住进入面团的空气，保留住面团的水分。

鸡蛋

小知识

鸡蛋中约有 75% 是水分，所以在制作面包时，如果需要在面团中添加鸡蛋，至少需要添加材料总量 10% 的鸡蛋才能够在成品中起到作用。鸡蛋的加入会削减面团的吸水性，要依成品口感需求酌情处理鸡蛋的添加量。

关于鸡蛋的构成（除蛋壳外），下列表格列出了其各种成分的占比，了解其占比对于加入面团中的量也可以做出预判

类别	水分（质量分数，%）	蛋白质（质量分数，%）	脂质（质量分数，%）	灰分（质量分数，%）
全蛋	76.1	12.3	10.3	1
蛋黄（占整蛋重量的 33%）	48.2	16.5	33.5	1.7
蛋白（占整蛋重量的 54%）	88.4	10.5	<0.1	0.7

面包制作的工具及器械

工具

量秤

用于称量材料，需使用单位精确到 0.1 克的量秤，才能保证计量精准

切面刀

用来切分面团，或刮取粘在搅拌缸或工作台上残留的面屑

擀面棍

（大和小）

用来把面团擀平整，方便造型，也用于给面团排气

牛角刀

用于分割整形好的面团，或用于起酥面皮的分割

毛刷

用来在面团表面刷蛋液或刷水

发酵布

用于黏软面团，可以帮助造型定型，也可以帮助面包发酵，使温度更为稳定

高温布

烘烤时使用，防粘

粉筛

用于面包入炉前在表面筛粉或筛糖粉装饰用

温度计

可以用来测量面团温度，多用于发酵和搅拌完成时，不同的温度计也可以用来测量室温

割纹刀

烘烤前用来在面团上割出纹路，确定形状，也起到为面团排气的作用

美工刀

用来分割起酥面团面皮或切割整形好的面团

剪刀

造型用辅助工具

隔热手套

防烫，用于出炉、入炉或倒盘

压模

用来压取大小、形状适宜的面皮

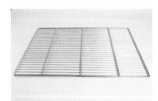

网架

用于出炉冷却面包

馅尺

包馅时使用

钢尺
用于起酥面团的起酥或分割

网筛
用于面粉的过筛，使其更均匀

器械

搅拌机
用于把材料搅拌均匀，形成面团。如果没有搅拌机，需要通过手工揉面来整理面团

醒发箱
用于面团醒发，科学地控制温度和湿度，给面包的发酵制造更加稳定的环境，也可节约时间、提高效率

起酥机
用于压面，多用于起酥面皮的制作

冷藏柜
用于冷藏面团、馅料、原材料等

速冻柜
用于面团的急速降温，抑制面团的发酵

烤箱
用于烘烤，上下火可调节，配备蒸汽功能

风炉
用于烘烤，带有热风循环系统，使面团受热更加均匀

面包制作的发酵方法

面包的制作方式基本分为两大类，直接发酵法和间接发酵法。其中，间接发酵法包含中种发酵法、液体酵种发酵法及天然酵种发酵法等。随着工业化的发展，催生了如低温（冷冻）发酵法之类的新型发酵法，可以让专业面包师或烘焙爱好者更加灵活地安排面包的制作时间。

直接发酵法

直接发酵法是指一次性完成搅拌和面包制作的过程。

直接发酵法流程图

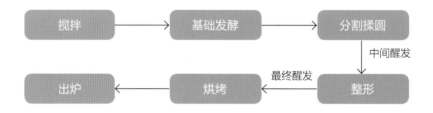

直接发酵法的优缺点

优点	缺点
● 操作较简单，制作面包所需的时间更短。	● 因面团发酵时间相对较短，故面包老化得较快。
● 成品口感柔软，面粉风味得以充分发挥。	● 面团延展性相对较差，对整形、造型有一定的限制。

间接发酵法

间接发酵法是指在面包制作中，先将一部分材料（面粉、水、酵母等）混合发酵形成酵种，再将其加入剩余材料中搅拌混合，因用此种方式制作面包分成两个阶段完成，所以称为间接发酵法。依据发酵中的呈现状态及制作工艺，间接发酵法分为液体酵种发酵法、固体酵种（种面团）发酵法，又细分为中种发酵法、波兰酵种发酵法、酸种发酵法、天然酵种发酵法等。

间接发酵法流程图

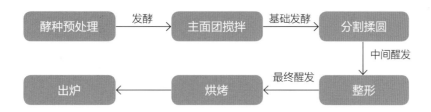

中种发酵法

中种发酵法属于种面团发酵法的一种。中种的配方较为简单，一般由粉类、水及酵母制作而成。

中种的发酵程度根据面团性质决定。

中种发酵法流程图

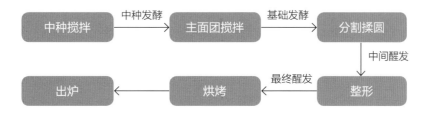

【中种面团】

1000 克面粉、20 克盐、5 克干酵母、620 克水混合搅拌均匀，4~6℃下发酵 12~15 小时即可使用。

中种发酵法的优缺点

优点

- 面包体更加柔软，可延缓面包的老化速度。
- 面包的发酵风味更加浓郁，体积膨胀率更高。
- 面团的塑形能力更好。

缺点

- 因面团的制作需要分两次进行，故整体制作花费时间相对较长。

液体酵种发酵法

液体酵种发酵法起源于波兰，传闻此种发酵方式是由维也纳传至巴黎，常用于法棍面包等老式面包的制作中。具体的制作方式是将面粉总量的 20%~40% 与水以 1：1 的比例（质量比）搅拌而成。用此种方式发酵的面团，酵母的添加量需依据液体酵种的发酵时间而定，最大添加量不要超过 2%。

液体酵种发酵法流程图

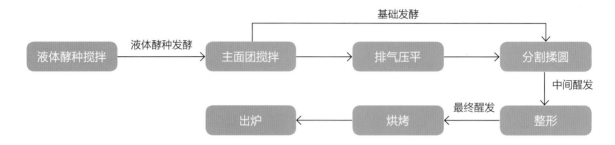

液体酵种发酵法的优缺点

优点

- 可以使面包在短时间内发酵，也可以使其缓慢发酵，包容性更大。
- 面包的延展性更好，造型能力相对增强。
- 面包的风味更加浓郁，口感温和、柔软，面包老化的速度也得以延缓。

缺点

- 整个制作流程较长，酵种完成后应及时使用，过度发酵可能会造成发酵产物增多、风味改变，如酸味过强。

【液体酵种】

名称	材料		储存条件和时间
主酵种	T170 黑麦面粉 水（25℃） 蜂蜜	500 克 650 克 20 克	常温下放置 24~48 小时
一次续种	主酵种 法国传统面粉 T65 水（35℃）	1000 克 1000 克 150 克	28℃下放置 24 小时
二次续种	一次酵种 法国传统面粉 T65 水（35℃）	1000 克 1000 克 500 克	28℃下放置 24 小时
第三次续种	二次酵种 法国传统面粉 T65 水（35℃）	1000 克 1000 克 500 克	15℃下发酵 24 小时
完成续种	三次酵种 法国传统面粉 T65 水（35℃）	1000 克 2000 克 1000 克	10℃下发酵 24 小时

【知识延伸】

固体酵种

配方	制作过程
法国传统面粉 T65 ·············· 1000 克	将所有材料混合均匀，密封，室温发酵 2~3 小时，放入冰箱，3℃冷藏一夜。
液种 ·········· 500 克	
水（45℃） ·········· 500 克	

波兰酵种

波兰酵种（Poolish 液种法）是最典型的液体酵种发酵法，是相对比较速成的酵种。

【制作方法】

面粉 1000 克、水 1000 克、酵母 1 克混合搅拌均匀，室温状态下发酵 12 小时。

天然酵种

天然酵种由附着于谷物、果实上和自然界中的多种细菌培养而成，简单说就是以天然菌种作为发酵源头制作而成的面包，这种方式发酵而成的面包，略带酸味，这种酸味源自乳酸菌和醋酸菌的大量繁殖。

天然酵种发酵法流程图

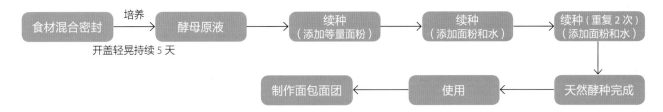

【制作方法】

配方	制作过程
葡萄干 ·········· 200 克	1. 将带盖可密封玻璃瓶经高温消毒，放入葡萄干，加 300 克水和蜂蜜摇晃均匀，放置在 28℃的环境里静置。
蜂蜜 ·········· 5 克	2. 每天打开盖子轻晃几下，持续 5 天，直至出现很多小气泡，说明发酵已生成。
水 ·········· 900 克	3. 用过滤网将葡萄干酵母原液滤出来，取 200 克原液混合等量高筋面粉搅拌均匀，放在室温 28℃的环境中发酵 8 小时左右。
高筋面粉 ·········· 800 克	4. 取 200 克酵种，加入 200 克面粉、200 克水搅拌均匀。重复这个步骤 2 次，酵种制作完成。

天然酵种法的优缺点

优点	缺点
• 天然酵种中存在多种菌种，最具代表性的是乳酸菌、醋酸菌，菌类的存活证明有机酸及乙醇类的存在，可提升面包风味。	• 从卫生及食品安全的角度来考量，发酵与腐败在一线之间，要时刻关注菌种的状态，避免造成健康隐患。

低温发酵法

低温发酵是指将面团放置于低温环境中进行发酵，再烘焙完成的面包制作方法。冷冻和冷藏这种烘焙技术的支持，能帮助烘焙师更加合理地安排时间，利用"冷藏隔夜法"或"冷冻保存法"来分散一款面包的制作时间，同时也能丰富面包的发酵成分，使其更好地发酵。

要适度加大冷冻面团中的酵母用量，低温下，面团中的酵母会冬眠，随着温度的上升才会从冬眠的状态下被唤醒，但这个过程中会有一部分酵母无法苏醒，从而消亡。适合制作成冷冻面团的面包大部分是耐冻的折叠面团或高糖高油的面团，较适合用新鲜酵母，自然需要更多的酵母用量。

低温发酵法流程图（直接法）

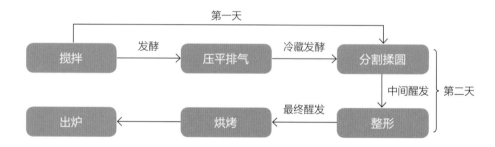

低温发酵法的优缺点

优点	缺点
• 发酵产物的酝酿比较慢，较容易控制风味。 • 面团在低温状态下长时间熟成，面筋组织的延展性更好。	• 低温存放 2~3 天的面团中酵母会逐渐产生一些衍生物，对面包的口感或风味会有一定程度的影响。

面包发酵的主要阶段

发酵是做出好面包的关键。在面包的制作中，当酵母、面粉和水混合搅拌在一起的时候发酵就已经开始了。发酵是指面团膨胀的过程，在这个过程中酵母消耗了淀粉中的糖分，通过有氧和无氧发酵两种方式将糖分分解成酒精，释放二氧化碳。

烘焙面包时，主要是二氧化碳使面团膨胀。

酵母菌的代谢过程是面包发酵过程中必不可少的生物化学反应，面包制作过程中的发酵主要有三个阶段。

基础发酵

基础发酵开始于搅拌完成时，是面包制作的关键环节，其主要目的是使面团经过一系列生物化学变化，产生多种物质。酵母开始分解面团中的糖分，产生二氧化碳，二氧化碳的释放使面团膨发，这一阶段面团质地和加工性能得以改善。基础发酵环节至关重要，这一阶段面团发酵效果良好会给予最终醒发阶段更大的支持。

基础发酵完成时的状态分析

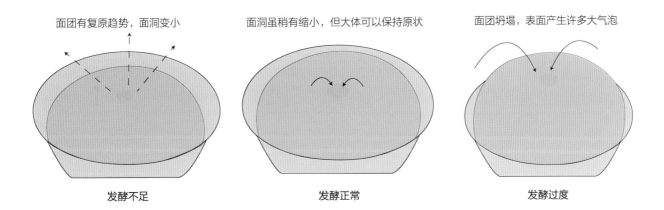

面团有复原趋势，面洞变小　　　面洞虽稍有缩小，但大体可以保持原状　　　面团坍塌，表面产生许多大气泡

发酵不足　　　　　　　　发酵正常　　　　　　　　发酵过度

中间醒发

中间醒发是指面团经过分割揉圆以后静置的一段过程。

中间醒发的目的是松弛面筋。面团经过揉圆等预整形后，弹力会过强，延展力会下降，经过中间醒发这一环节，面筋组织会随着面团的膨胀而被延展，便于后续的整形。

中间醒发也是发酵过程的一部分，时间可以是 10 分钟、15 分钟、20 分钟不等，时间较短，却是面包制作中不可或缺的步骤。

中间醒发需要注意温度，一般放置室温，或放于设定好温度和湿度的发酵箱内，以保证面团性质的稳定性。

最终醒发

最终醒发是面团在烘烤之前的最后一次发酵，也是面团熟成的最后阶段。因整形造成面筋组织延展性减弱，在最终醒发的阶段可以使面筋组织得到软化，面团再次膨胀可以改善面团组织内部结构，使组织分布更加均匀，同时使面包达到所需的体积大小，保证出炉的面包受热、延展良好。

最终醒发的时间取决于面包的种类、制作方式、面团温度等诸多因素，无定值。时间和温度同样是最终醒发应特别注意的重要因素。同时，若前期基础发酵过程中面团醒发不足，可以在最后醒发阶段延长发酵时间来调节。其次最终醒发也是面筋结构补充的有利因素，可根据面筋程度，综合前期搅拌和基础发酵的程度，酌情调节最终醒发的湿度、温度和时间。

呈现方式

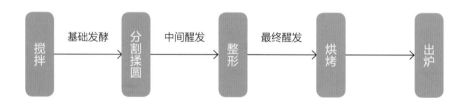

面包制作的工序流程

面包制作的工序流程简单理解就是面包制作的步骤顺序，虽然面包的种类很多，但工序流程大同小异，无外乎面团的搅拌、面团的发酵流程、成形过程及其烘烤环节。换言之，面包制作简单可以概括为实际操作和静置发酵两大方面。具体的操作流程以下面的导向图给予解析说明。

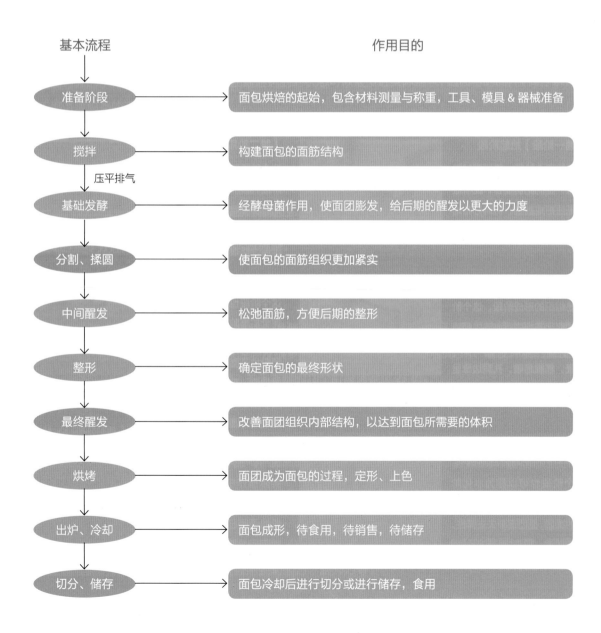

基本流程   作用目的

- 准备阶段 → 面包烘焙的起始，包含材料测量与称重，工具、模具 & 器械准备
- 搅拌 → 构建面包的面筋结构
- 压平排气
- 基础发酵 → 经酵母菌作用，使面团膨发，给后期的醒发以更大的力度
- 分割、揉圆 → 使面包的面筋组织更加紧实
- 中间醒发 → 松弛面筋，方便后期的整形
- 整形 → 确定面包的最终形状
- 最终醒发 → 改善面团组织内部结构，以达到面包所需要的体积
- 烘烤 → 面团成为面包的过程，定形、上色
- 出炉、冷却 → 面包成形，待食用，待销售，待储存
- 切分、储存 → 面包冷却后进行切分或进行储存，食用

揉圆是指将分割好的小面团搓圆，通过卷折揉等动作将面团揉成球形，使面团外层表皮光滑。揉圆可以改善分割好的面团状态，面团的面筋组织也借此得以再次紧实，延展性得以更均匀地呈现。

中间醒发（松弛）

所谓中间醒发，就是将揉圆的面团静置的过程，此环节的目的是舒缓揉圆后紧致的面团的面筋，使面筋弹性和恢复力得以松弛，柔软性和延展性更佳，以方便后期的整形作业。松弛需要在适合的环境下，才能使面团处于最稳定的状态。

在整形前或整形过程中，如遇到弹性作用力大的时候必须要让面团静止松弛，让面团的延展性得以恢复。

关于延展性、弹性与耐性

● 弹性

是指面团紧绷的状态，当面团经过了揉圆，筋度会变得紧绷，所谓弹性也是面团能恢复原来形状的能力。

● 延展性

延展性是与弹性相对的概念，延展性好，面团更加柔软，容易被拉伸，可以简单理解为面团拉伸和保持形状的能力。

● 耐性

是面团在面包制作的操作中不容易被破坏的能力。

整形

整形是指将松弛后的面团整形成各种所需形状的过程，整形的时间点在中间醒发和最终醒发之间。视面包形状的繁复程度，整形的时间并无定值。整形一般分为手工整形和机器整形。

最终醒发

最终醒发顾名思义是发酵的最后阶段，整形好的面团进入到最后阶段的发酵作业，也是面包进入烘烤环节前的最后一个阶段，所以这个阶段的发酵状态对于面包的最终状态尤为重要，前期发酵不足的面团在这一阶段需要适当延长发酵时间。

烘烤

烘烤是指将面团送入烤箱，烤制成面包的过程。根据面包的形状、大小、类型、口感需求、烤炉状况等因素，烘烤面包的时间和温度也需要随之做出相应调整。

烘烤需要事先预热烤箱，如将面包放入未预热的烤箱，随着烤箱温度的升高，面包的发酵一直在持续，会造成过度发酵，成品质量受损。需要注意的另外一点是，烘烤的温度和时间应根据烤箱的状态酌情调节，如温度偏高的烤箱，烘烤时应适当调低温度，或缩短烘烤时间，这一步骤更依赖个人经验和对烘烤过程中面包状态的判断能力。

一些装饰步骤，如刷蛋液、筛粉、割刀口，刷水之后沾取装饰物等操作也会在这个步骤之前进行。大多数面包入炉前都需要在表面刷蛋液，刷蛋液的目的是为了使烘烤后的面包表面呈现金黄色或使面包的光泽度得以提升；割刀口主要用于一些法式、欧式面包，目的是为了让面团在受热膨胀的时候散发内部压力，受热均匀，保持形状。

烘焙反应的变化

● 面团构造的变化：温度上升，淀粉开始糊化，膨胀吸收水分，面筋组织凝固。

● 面包外皮成形上色：烘焙时，外皮水分的损耗很大，随着温度的升高会引发糖类的焦化反应，以及来自氨基酸的梅纳反应，面包的成色和香味也是来源于此。

● 面包体积的膨胀。

出炉

烘烤完成，从烤箱取出面包的作业流程，烘烤完成的面包需立即从烤箱中取出，进入下一步冷却阶段。举例说明，如吐司类的面包，从烤箱取出后还要震模并立刻从模具中扣出散热，否则会造成产品回缩，品质受损。

冷却

所谓冷却是将烘烤完成取出的面包置于冷却架上散热的作业，面包在常温的状态下自然散热，内部水分得以慢慢蒸发，散热架散热可以避免面包的水汽凝结在面包的底部。经过冷却后的面包，漂亮的外表才得以维持，风味才得以保持在较为稳定的状态。研究发现，大多数面包的最佳食用时间是面包的内部冷却到 27℃ 左右。

切分、储存

切分面包，最常用的是长锯齿刀，当然有些面包也可以直接手撕掰开，需要注意的是一旦面包切分或掰开，尽量不要让切面长时间暴露在空气中。

关于面包的储存，如果要长期储存面包，建议用冷冻的方式而不是冷藏，因为放置于冷藏室的面包会很快老化，变得不新鲜。冷冻面包需要注意的是，冷冻前，要将面包用保鲜膜或其他方式密封好。再次食用前，需提前取出放置室温下解冻几小时，用最初的烘焙温度加热 10~15 分钟后再冷却食用。

面包的整形手法

整形是指将松弛后的面团整形成各种所需形状的过程，是决定面包呈现方式的一个环节。

基本的形状有圆形、圆柱形、橄榄形、长条状等，这些基础形状可以衍生出很多种花式形状，如辫子面包、贝果等。很多面包也可以借助模具如吐司模具、发酵篮等来辅助造型。羊角丹麦类则是包入片状黄油后折叠面团，然后通过切分来造型。还有更多装饰类面包、节日面包更是造型多变。

下面就手工整形中一些常用手法进行分解介绍，再详细介绍如何将这些分解动作连续贯穿在常用的面包整形中。

分解手法

揉圆

揉圆分小面团的揉圆和大面团的揉圆，主要目的是使面团的气泡消失，面团表面富有光泽且内部均匀，形状完整。

大面团揉圆
将大面团放置在台面上，小指贴合台面按顺时针方向将面团四周向中间收拢，使外表饱满，表面紧实光滑。
如果面团质地较硬，可采用先从四周向中间折叠的方式将面团整成近似圆形，再做上述揉圆动作，将底部捏合收紧。

小面团揉圆
将面团放置在台面上，用手掌按压住面团，以顺时针方向旋转揉圆，重复几次这样的动作，使表面紧实光滑，将接口收好。也可以将面团置于手掌上，用另一只手以同样的操作方式将其揉圆。

拉

用一只手将面皮的一边固定，另一只手均匀用力将面皮拉长。

双手均匀用力，将不规整的面皮拉扯成规整的形状。

擀

分手工擀压和机器擀压（压面机、起酥机）。

手工擀压

双手按住擀面棍，均匀用力将面团擀成需要的厚度、形状、大小。

机器擀压

将面团放置在压面机或起酥机上，调节机器的刻度，将面团擀压成需要的厚度、尺寸。

   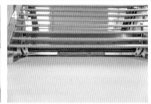

卷

将面团擀压成适合的厚度，从面皮的一端向另一端折卷，直至将面皮折卷成需要的形状，如圆柱形、长条形、羊角形等。

包

将面皮放置于手掌上，将馅料放在面皮中心处，用拇指和食指以拉起并捏合面皮的方式包裹住馅料，将收口收紧。

捏

用拇指和食指将整形好的面团接口处捏紧，常用于各种整形封口的时候。给面团包入馅料的时候也会用到这个手法。

拍

用于面团的排气，将手掌张开，拍打面团的表面，拍打的力度要适中。

按压

将擀压好的面皮包入片状黄油后，双手握住擀面棍按压面团接口处，使片状黄油和面皮贴合。
以折叠的手法翻折面团时，翻折过来的部分需要用手掌掌跟的部位轻轻按压收紧，使面皮贴合。

挤

卷起面皮时，手指向被卷起的面团内部施力、推挤，使卷起部位的面皮粘连得更加紧实。

注：在发酵好的面团表面挤上装饰酱料，如卡仕达酱、果酱、软化的黄油时，也用到了挤这个手法。

搓

将双手放在整形好的面团上，从中间向两端移动并均匀用力，以前后搓动的方式将其变长，搓成需要的形状和长度。

折

将面团擀压成片状，放置在操作台上，以折叠的方式整形，常用于起酥面团塑造层次，最终使面包内部呈现若干层次。
注：这个手法也可以用于某些面包的预整形，将面团不光滑的面折叠到面团的内部。

割

用割纹刀在最终醒发好的面包表面割纹，使表皮形成特定的纹路，常用于欧式面包，需要注意的是，用来割纹的刀具必须锋利。
用起酥机擀压丹麦面皮时，有时为了调整面皮的规整度，会割开折叠面团的边角处，分割丹麦面皮时也会用到分割的动作。

  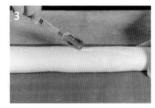 

剪

用剪刀在发酵好的面包表面剪出切口。
用剪刀剪切口前，剪刀需要沾水或蛋液，避免和面团粘连。

 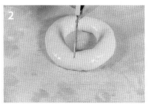 

切

用切面刀将大面团切分成
需要的大小。
用牛角刀将夹了馅料的
造型面包切分成需要的
尺寸。

沾

用擀面棍沾取装饰物如黑芝麻、奇亚籽等，沾在面包表面。

在需要沾装饰物的面团表面刷水，用手抓住面团的底部，将面团倒置沾取装饰物。

编

编是将搓成长条的面团，以交叉、叠加的方式进行编制的手法，辫子面包就是"编"这个手法最直观的体现。

贴

将面皮擀薄，在面皮边缘
刷水或橄榄油，将其覆盖
在未被擀薄的面团上，多
用于欧式造型面包的制作。
制作双色可颂时，需要将
有色面皮贴在原味面皮上，
再用起酥机开酥。

筛

用粉筛在面包的表面筛取粉类作为装饰，如面粉、糖粉、可可粉等。

移

转移面团的时候，用辅助的木板将发酵好的面包移至所需位置。法棍面包在入炉前基本都需要用到这一手法。

绕

将搓好的长条缠绕在特定模具上，制作螺旋面包的时候运用的就是这一手法。

撒

制作面包时，将少许面粉撒在操作台面，防粘。
将装饰物如杏仁片、花生碎等撒在发酵好的面包表面。

刻

用刻刀依照模型刻出需要的图案，常用于艺术面包和花式面包的制作。
用适合的圈模在面皮上按压出需要的尺寸。

刷

用毛刷在面包的表面刷蛋液、水、橄榄油等。

在面包的造型上，以上分解手法都是混合使用的，每一款面包的制作都不是单一的某个手法，可以是两个或两个以上手法的重组，下面列举一些常见的整形方式，剖析其手法之间的关联性。

连续手法

圆形整形

1 将分割好的面团置于操作台上，用双手将面团的四周向内折叠。

2 将面团翻面。

3 用双手包裹住面团，按顺时针的方向均匀用力旋转面团，使其外表饱满，表面紧实光滑。

4 将成形的面团收口，放置醒发。

5 如果面团不是太大也可以将其放在手上整形，利用双手的配合将面团揉圆。

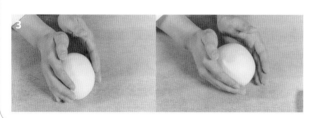

橄榄形整形

【手法一】

1 将面团放置在操作台上，用手将面团拍扁成椭圆形。

2 将远离身体一端的面团顶部两个角向内折，形成三角形。

3 将三角形的顶端向下折叠，双手手指并拢将面皮向下卷，边卷边用两个拇指向内收紧。

4 将面团的接缝处按压收好。

5 双手轻轻按住面团，上下滚动面团使接缝处更加紧实，接口位于底部，放置醒发。

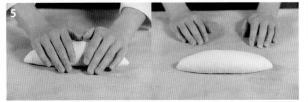

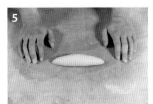

【手法二】

1 将面团放置在操作台上，用擀面棍从面团中间开始用力，将面团擀薄。

2 将面皮调转90°，用擀面棍擀成长椭圆形。

3 从远离身体的一端将面皮卷起，双手手指张开呈爪状，边将面皮向内收紧，边卷边推使卷起的面皮贴合。

4 双手按住面团，在台面轻轻滚动，将接口收紧，调整形状。

5 整形好的橄榄形呈中间鼓起、两头稍尖的形态。

长条形整形（法棍）

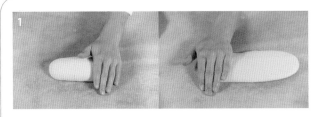

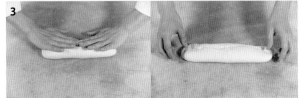

1 将预整形好的面团拍扁成长方形。

2 用双手将靠近身体一端的面皮向上折1/3，用手指轻按贴合。

3 用双手将远离身体一端的面皮从上到下折1/3，使其和下面的面皮重合，再用手指轻按贴合。

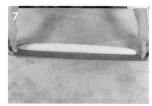

4 用一只手将面团自上而下翻折，翻折的同时用另一只手的掌跟处按压接口的位置使其贴合，将收口收好。

5 先将一只手放置在面团中心处，均匀用力按压滚动。

6 再用双手轻搓面团，向两边均匀用力，前后搓动。

7 将面团搓成所需长度（50~55 厘米），两端稍尖。

圆柱形整形

1 将面团放置在操作台上，用擀面棍从面团中间开始用力，再向上向下擀压。

2 将面皮旋转 90°，用擀面棍把面皮擀成薄长方形。

3 用双手将长方形的底端按薄，使其贴合在台面上。

4 用双手从远离身体的一端将面皮自上而下卷起，接口处用双手捏合，将接口朝下放置。

5 用双手按压住面团，均匀用力在台面滚动，将其搓成所需长度。

6 即成为两端规整、粗细均匀的圆柱形。

辫子整形

将面团整形成长条状，长度为 36~38 厘米。

二股辫的编制

1 将两根长条呈十字交叉放置在台面上。

2 用双手拎起垂直于身体的长条的两端，将两端对向交叉放置。

3 再用双手拿起平行于身体的长条的两端，同样对向交叉放置。

4 重复此操作，一直编到末端。

5 将收口收好，轻按收口处，将收口位置搓紧实，形状稍尖，放置醒发。

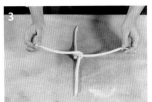

三股辫的编制

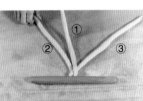

1 将三根长条依次排开放在台面上，顶端按压在一起（可以用擀面棍辅助），另外一端成散开状，从右起将长条命名为①、②、③。

2 将③放到①和②之间，将①放到②和③之间，依次交替进行至末端。

3 将编好的辫子的底端捏紧，塞在面团的下面。

4 用双手轻轻扶住面包的表面，均匀用力向中间聚拢，使两端收紧、稍尖区分好辫子的正反面，将正面朝上放置醒发。

圆圈形整形

小圆圈（贝果、甜甜圈等）

1 将面团放置在台面上，用擀面棍从面团的中间开始用力，向上、向下均匀用力擀压。

2 将面皮旋转90°，用擀面棍擀成薄的椭圆形。

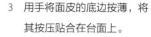

3　用手将面皮的底边按薄，将其按压贴合在台面上。

4　用双手从远离身体的一端卷起面皮，卷至底部时用双手将接口处捏合，接口朝下放置。

5　用双手按住面团，上下滚动面团使接口处收紧，并将其搓成粗细均匀、一头稍尖的22~23厘米的长条形。

6　用擀面棍的一端将长条较粗的一端擀成薄片状。

7　用手将长条稍尖的一端转过来，放在另一端的薄片中心处，形成圆圈形。

8　将擀薄的面皮上下两端捏合，包住稍尖的那一端，收口朝下放置醒发。

大圆圈（环形）

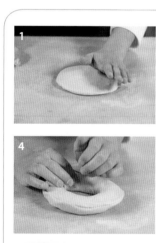

1　用手将面团按压成圆饼状。

2　用擀面棍在圆饼的中心位置压出一个洞，旋转擀面棍将洞口稍微扩大。

3　用手从洞的中心处向外翻折面皮，用掌跟将翻折出来的部分与面皮压实贴合。

4　重复操作，直至洞口的直径达到所需尺寸。

5　用手将最后折叠产生的收口捏合。

6　将大圆圈套在双手上，用双手的拇指和四指配合将圆圈整形至粗细均匀。

月牙形

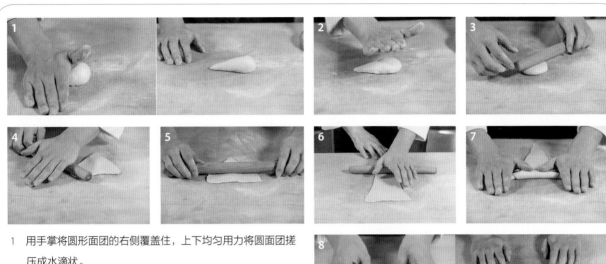

1 用手掌将圆形面团的右侧覆盖住，上下均匀用力将圆面团搓压成水滴状。

2 轻压面团排气。

3 将水滴状的尖角朝向自己，用擀面棍斜向面皮的左上角方向用力，将左上角擀薄。

4 将擀面棍斜向面皮的右上角方向擀压，将右上角的面皮擀成薄片。

5 然后将擀面棍平行于身体放置，将面皮再向上擀压，使面皮成为倒三角的形状。

6 用一只手拉住面皮的尖角，另一只手用擀面棍由上向下擀压，以边拉边擀的方式将面皮擀长擀薄，将底部按压贴合在台面上。

7 用双手从面皮的顶部开始卷起，卷至收尾处，用双手在台面滚动面团，使其接口贴合。

8 用双手将两端的尖角向内部弯曲，做成月牙状，放置醒发。

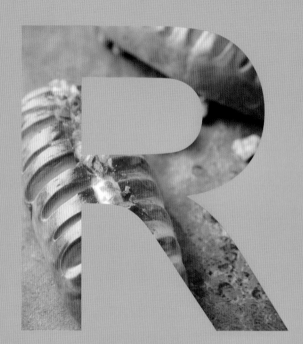

日式面包

北海道蜂蜜吐司

北海道吐司绵软、香醇，掰开面包时，面团组织能拉丝。制作能"拉丝"的吐司的最大秘诀就是奶源。北海道是日本著名的奶源基地，拥有日本最大的畜牧业养殖地，其产出的牛奶质量非常高。

扫一扫，
看高清视频

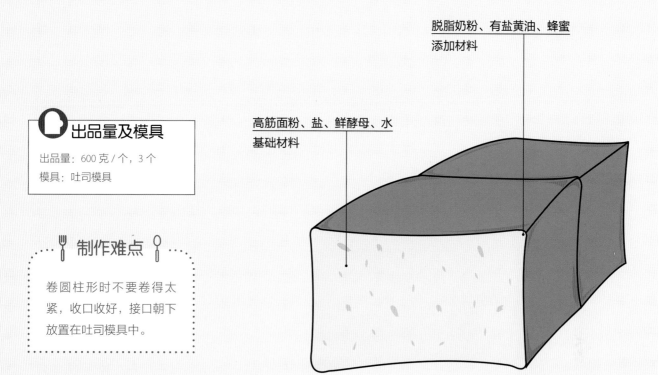

出品量及模具

出品量：600 克 / 个，3 个
模具：吐司模具

制作难点

卷圆柱形时不要卷得太紧，收口收好，接口朝下放置在吐司模具中。

脱脂奶粉、有盐黄油、蜂蜜
添加材料

高筋面粉、盐、鲜酵母、水
基础材料

产品制作流程

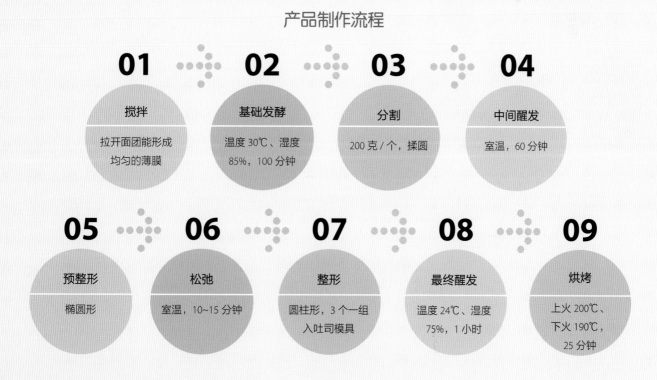

01 搅拌
拉开面团能形成均匀的薄膜

02 基础发酵
温度 30℃、湿度 85%，100 分钟

03 分割
200 克 / 个，揉圆

04 中间醒发
室温，60 分钟

05 预整形
椭圆形

06 松弛
室温，10~15 分钟

07 整形
圆柱形，3 个一组入吐司模具

08 最终醒发
温度 24℃、湿度 75%，1 小时

09 烘烤
上火 200℃、下火 190℃，25 分钟

主面团

配方

	烘焙百分比（%）
高筋面粉 ·················· 1000 克	100
盐 ·························· 20 克	2
鲜酵母 ···················· 20 克	2
脱脂奶粉 ·················· 30 克	3
蜂蜜 ····················· 150 克	15
水 ······················· 600 克	60
有盐黄油 ·················· 80 克	0.8

制作过程

1. 搅拌：将除黄油外的所有材料放入搅拌缸中，用低速将材料混合均匀，呈面团状，加入黄油，先用低速搅打至与面团融合，再转快速搅拌至面团形成均匀的薄膜。

2. 基础发酵：取出面团，放入温度为 30℃、湿度为 85% 的醒发箱中，醒发 100 分钟。

3. 分割：取出面团，用切面刀将面团分割成每个 200 克的小面团，揉圆。

4. 中间醒发：放在室温下，覆上保鲜膜，松弛 60 分钟。

5. 预整形：取出面团，放在操作台上，用手轻拍面团排气，将面团从上至下卷起来，呈椭圆状，室温下松弛 10~15 分钟。

6. 整形：松弛结束，将面团拍扁，再用擀面棍将面团擀薄，然后从远离身体的一侧将面团卷成圆柱形，接口朝下，3 个为一组放入吐司模具中。

7. 最终醒发：放入温度为 24℃、湿度为 75% 的醒发箱中醒发 1 小时（膨胀到模具的 8 分满即可），盖上吐司模具盖子。

8. 烘烤：入烤箱，以上火 200℃、下火 190℃，烘烤 25 分钟，出炉，立即倒扣出模，静置冷却。

小贴士

- 盖盖子烘烤的吐司最终醒发至模具的八分满即可。
- 出炉后的面包要立刻震模，倒扣在网架上冷却，避免回缩。
- 面包配方中，在表示材料的分量时，将面粉的量作为 100% 表示，其他材料的用量对比面粉量计算出比例。这是国际公认的烘焙百分比的计算方法。烘焙百分比并不是"各种材料用量 / 材料总量"计算而来，所以材料比例合计会超过 100%。这样计算是因为面粉量是面包材料中最多的，以此基准来制定百分比，无论面团大小，其他各种材料都可以很容易算出来。

卡仕达
奶油面包

德式卡仕达奶油面包属于日式甜面包，
卡仕达馅料与大量牛奶、黄油的加入让
面包的蛋奶味道浓郁，组织松软。

扫一扫，
看高清视频

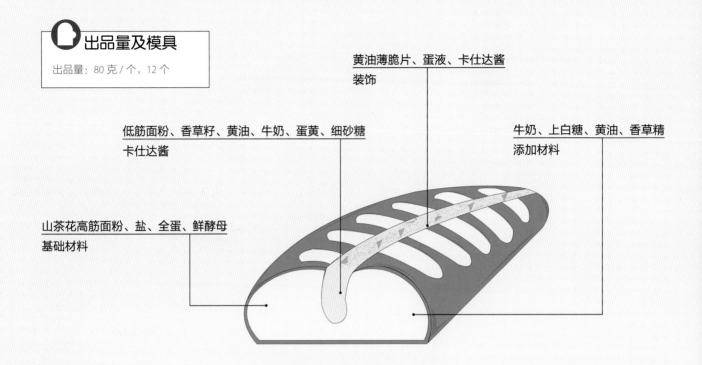

黄油薄脆片、蛋液、卡仕达酱
装饰

低筋面粉、香草籽、黄油、牛奶、蛋黄、细砂糖
卡仕达酱

牛奶、上白糖、黄油、香草精
添加材料

山茶花高筋面粉、盐、全蛋、鲜酵母
基础材料

产品制作流程

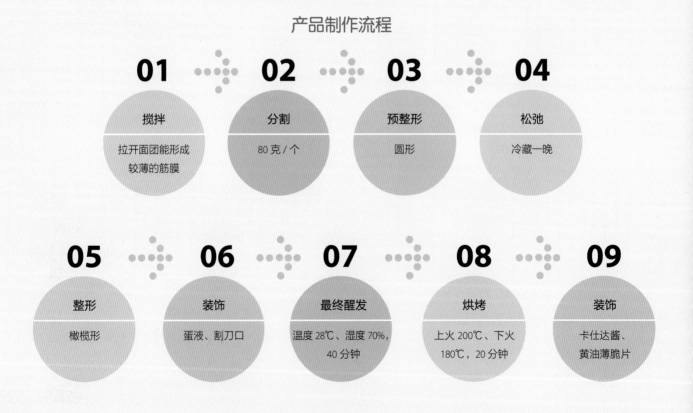

01
搅拌
拉开面团能形成
较薄的筋膜

02
分割
80 克 / 个

03
预整形
圆形

04
松弛
冷藏一晚

05
整形
橄榄形

06
装饰
蛋液、割刀口

07
最终醒发
温度 28℃、湿度 70%，
40 分钟

08
烘烤
上火 200℃、下火
180℃，20 分钟

09
装饰
卡仕达酱、
黄油薄脆片

卡仕达酱

配方

牛奶	500 克
蛋黄	150 克
细砂糖	200 克
低筋面粉	25 克
香草籽	2 克
黄油	15 克

主面团

配方

		烘焙百分比（%）
山茶花高筋面粉	500 克	100
鲜酵母	25 克	5
上白糖	50 克	10
盐	5 克	1
全蛋	35 克	7
黄油	100 克	20
牛奶	250 克	50
香草精	2 克	0.4

装饰

材料

蛋液	适量
卡仕达酱	适量
黄油薄脆片	少许

制作过程

准备：将黄油切成小块。

1. 将 100 克细砂糖、牛奶和香草籽倒入奶锅中，加热煮沸，离火。
2. 将蛋黄加 100 克细砂糖用手持搅拌球搅拌均匀，筛入低筋面粉，搅拌均匀。
3. 将"步骤 1"倒入"步骤 2"中，用手持搅拌球混合均匀。
4. 倒回奶锅中边加热边用手持搅拌球搅拌至浓稠状，关火，加入无盐黄油，搅拌均匀，装入裱花袋中，冷藏备用。

制作过程

1. 搅拌：将全蛋、牛奶和香草精倒入搅拌桶中，加入盐、上白糖，用打蛋器搅拌均匀，加入山茶花高筋面粉，用钩状搅拌器搅拌成团，加入鲜酵母，搅拌均匀，最后加入黄油，慢速搅拌均匀后转中速搅拌至面团拉开能形成较薄的筋膜。
2. 分割：取出，将面团分割成每个 80 克的小面团。
3. 松弛：揉圆，包好保鲜膜，放入冰箱，冷藏一晚。
4. 整形：取出面团，用手拍平后将面团对折，整形成橄榄形，接口朝下放在烤盘上。
5. 装饰：在面团表面用刷子刷上一层蛋液，用刀片在面团表面横向划出切口，间距均匀。
6. 最终发酵：放入醒发箱中，以温度 28℃、湿度 70%，醒发 40 分钟。
7. 烘烤：入烤箱，以上火 200℃、下火 180℃，烘烤 20 分钟。
8. 装饰：用锯齿刀将烤好的面包从表面中间划开，长度基本贯穿面包，在切口处挤入一条卡仕达酱，撒上少许黄油薄脆片装饰即可。

🍴 制作难点 🥄

- 制作卡仕达酱时，需要不停地快速搅拌，并且需要搅拌到奶锅的各个部位，避免煳底。
- 切割的刀口不要过深，间隔要均匀。

小贴士

- 卡仕达酱中的低筋面粉可替换成可可粉，制作成可可口味的奶油馅料。
- 鲜酵母可以按 1：2 的比例替换成干酵母，如 20 克鲜酵母替换成 10 克干酵母。

咸派面包（菌菇培根）

这款面包是在起酥面团的基础上包入菌菇培根馅料制成的，
外皮酥松，馅料丰盈，属于料理面包。

出品量及模具

出品量：依裁切的数量而定

模具：圆形硅胶模具

制作难点

起酥机开酥前需关注面团与片状黄油的软硬度，两者的软硬度需基本一致。

黄油、酱油、洋葱、盐、菌菇、培根、胡椒
菌菇培根馅料

芝士碎、欧芹、橄榄油
装饰

高筋面粉、法国面包粉、鲜酵母、盐
基础材料

牛奶、上白糖、麦芽糖、熟南瓜、全蛋、黄油、片状黄油
添加材料

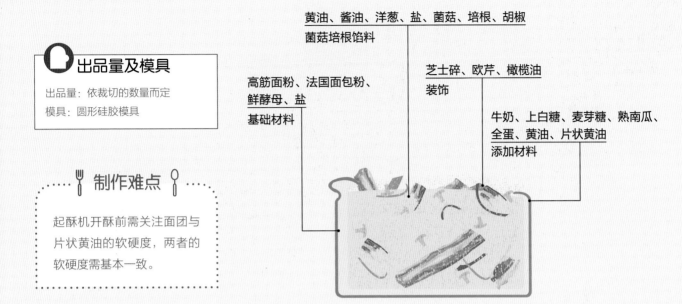

产品制作流程

01

搅拌

搅拌成团，表面光滑

02

冷藏

冷冻 1 小时，转冷藏备用

03

折叠和整形

起酥机开酥，两次三折，滚轮针戳孔，用慕斯圈压出圆面皮

04

菌菇培根馅料

15 分钟

05

烘烤

上火 190℃、下火 200℃，20 分钟

06

装饰

橄榄油、欧芹、芝士碎

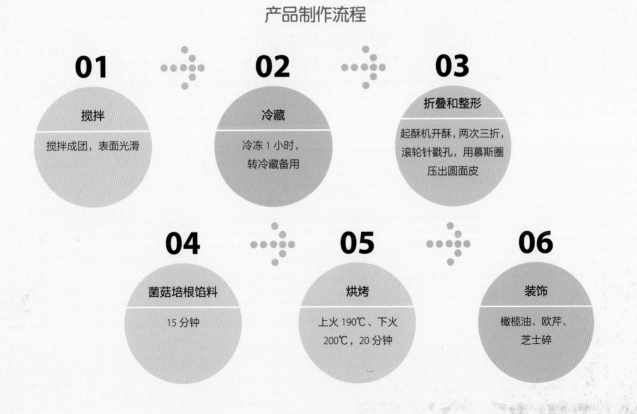

主面团

配方

		烘焙百分比（%）
高筋面粉	300 克	50
法国面包粉	300 克	50
上白糖	36 克	6
鲜酵母	30 克	5
盐	9.6 克	1.6
麦芽糖	1.8 克	0.3
全蛋	60 克	1
牛奶	312 克	52
黄油	30 克	5
熟南瓜	适量	

装入材料

片状黄油	200 克

制作过程

1. 搅拌：将除黄油外的其他材料放入搅拌缸中，用低速搅打至呈面糊状后加入黄油，继续低速搅打至黄油和其他材料混合均匀，转中速搅打至面团较光滑。
2. 将面团取出，擀开成片状，放入冰箱冷冻 1 小时，转入冰箱冷藏备用。
3. 折叠：将面片放置在起酥机上，包入片状黄油，重复两次三折，擀压完成，冷冻 20 分钟。
4. 整形：取出用起酥机以刻度 4 压制成面片，平铺在桌面上，用滚轮针戳孔，再用直径 11.5 厘米的慕斯圈模压出形状，叠放于烤盘上，放入冰箱冷藏备用。

菌菇培根馅料

配方

黄油	适量
洋葱	适量
培根	适量
菌菇	适量
盐	少许
胡椒	少许
酱油	少许

制作过程

1. 将洋葱切丝，菌菇切成条状，培根切小片备用。
2. 锅中加入黄油加热熔化，加入洋葱煸香，依次加入菌菇、酱油、盐、胡椒翻炒均匀。
3. 将培根煎香，加入到"步骤 2"中混合均匀，离火备用。

装饰

材料

芝士碎	适量
欧芹	适量
橄榄油	适量

制作过程

1. 包馅：将圆面皮放入圆形硅胶模具中，呈"凹"状，铺上菌菇培根馅，均匀撒上芝士碎，捏合好。
2. 烘烤：入烤箱以上火 190℃、下火 200℃，烘烤 20 分钟。
3. 装饰：烘烤完成，在烤好的面包表面刷上一层橄榄油，放少许欧芹碎作为装饰。

小贴士

- 馅料内的菌菇可任意选择，海鲜菇、杏鲍菇等均可，但因蘑菇易出水，制作时需煸干一些。
- 馅料也可以换成纯蔬菜类，如南瓜彩椒，但原材料均需事先用黄油煸香后再用。
- 表面撒的芝士碎优选马苏里拉，适宜烘烤拉丝。

咸面包

咸面包的概念起源于法国面包，顾名思义，咸面包是含盐量相对较高的面包。日式咸面包在配方材料上选用了奶粉、麦芽糖等日式面包常用的材料，同时包入了黄油，出炉后表面再刷黄油，因此面包的奶香味浓郁。

扫一扫，
看高清视频

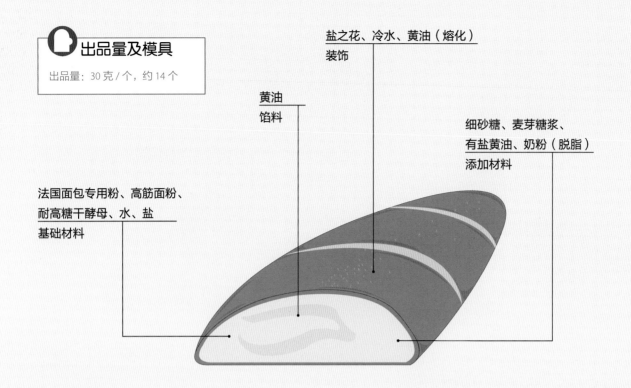

盐之花、冷水、黄油（熔化）
装饰

黄油
馅料

细砂糖、麦芽糖浆、
有盐黄油、奶粉（脱脂）
添加材料

法国面包专用粉、高筋面粉、
耐高糖干酵母、水、盐
基础材料

产品制作流程

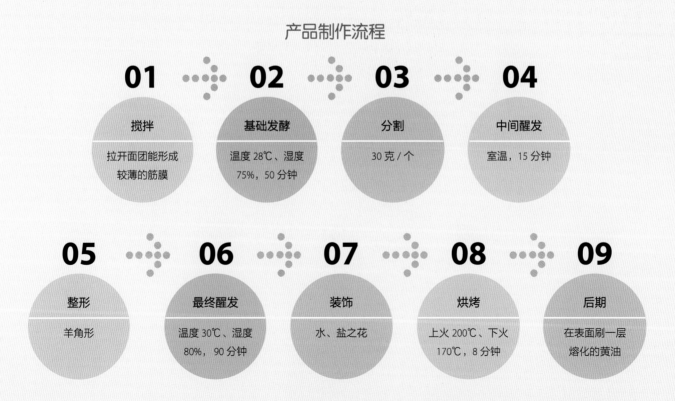

01 搅拌
拉开面团能形成较薄的筋膜

02 基础发酵
温度28℃、湿度75%，50分钟

03 分割
30克/个

04 中间醒发
室温，15分钟

05 整形
羊角形

06 最终醒发
温度30℃、湿度80%，90分钟

07 装饰
水、盐之花

08 烘烤
上火200℃、下火170℃，8分钟

09 后期
在表面刷一层熔化的黄油

主面团

配方

		烘焙百分比（%）
法国面包专用粉	200 克	80
高筋面粉	50 克	20
细砂糖	7 克	3
盐	5 克	2
奶粉（脱脂）	8 克	3
麦芽糖浆	1 克	0.4
耐高糖干酵母	2.5 克	1
水	158 克	63
有盐黄油	7.5 克	3

馅料

黄油	120 克

装饰

材料

盐之花	适量
冷水	适量
黄油（熔化）	适量

🍴 制作难点 🥄

卷羊角状时，卷起的时候要一只手拉住底部，另一只手卷起，边拉边卷进行操作，力度适中。

制作过程

准备：将"馅料"中的无盐黄油切成小长条状，每块重 8 克。放入冰箱中冷藏备用。

1. 搅拌：将面团的配方材料（除黄油外）放入搅拌缸中，用 1 档搅拌至材料混合均匀（约 3 分钟），再用 2 档快速搅拌面团至基本扩展阶段（约 3 分钟）。加入黄油，用 1 档搅拌至黄油与面团充分混合均匀（约 4 分钟），再用 2 档快速打面团至完全扩展阶段，拉开能形成较薄的筋膜。

2. 基础发酵：取出面团，放在周转箱中，放入温度 28℃、湿度 75% 的醒发箱中醒发 50 分钟。

3. 分割：将面团分割成每个 30 克的小面团，揉圆。

4. 中间醒发：放在室温下松弛 15 分钟左右。

5. 整形：用手将每个面团搓成一端粗一端细的锥子形。用手将面团按压成扁平状，再用擀面棍将面团擀薄，在宽边处放上 8 克冷藏好的无盐黄油，从宽边一端往窄边一端卷，卷成羊角状。

6. 最终醒发：将面团接口朝下放在烤盘上，放入温度 30℃、湿度 80% 的醒发箱中，醒发 90 分钟左右（膨胀至原来体积的 1.5 倍大）。

7. 装饰：取出，在表面上喷一些水，再撒上少许盐之花。

8. 烘烤：放入烤箱中，以上火 200℃、下火 170℃烘烤 8 分钟左右。

9. 出炉后，趁热在面包表面刷一层熔化的黄油。

5

小贴士

- 面包的成形样式可以多变。
- 出炉后要立刻刷熔化的黄油，不需要冷却。
- 盐之花原产于法国，顶级天然海盐，不适宜加热。

牛奶面包

牛奶面包属于日式甜面包，加入大量的淡奶油、酸奶油、鸡蛋，使面包奶香味浓郁，卡仕达酱的加入使其也可以作为点心或下午茶茶点食用。

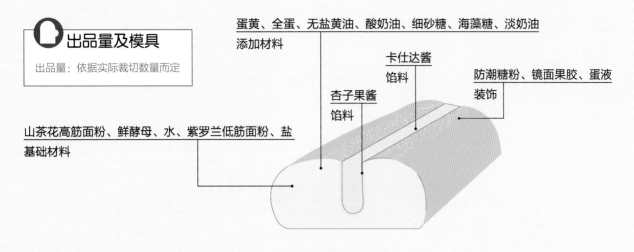

出品量及模具

出品量：依据实际裁切数量而定

蛋黄、全蛋、无盐黄油、酸奶油、细砂糖、海藻糖、淡奶油
添加材料

卡仕达酱
馅料

防潮糖粉、镜面果胶、蛋液
装饰

杏子果酱
馅料

山茶花高筋面粉、鲜酵母、水、紫罗兰低筋面粉、盐
基础材料

产品制作流程

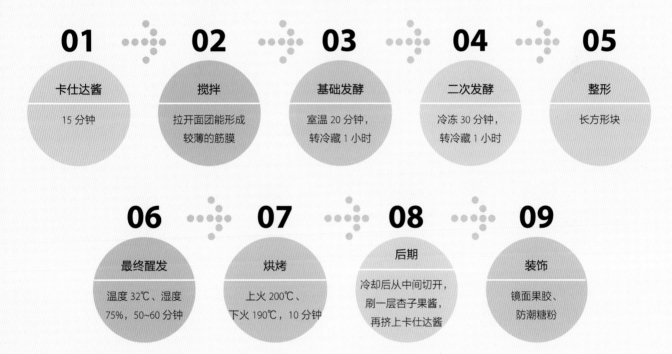

01 卡仕达酱
15 分钟

02 搅拌
拉开面团能形成较薄的筋膜

03 基础发酵
室温 20 分钟，转冷藏 1 小时

04 二次发酵
冷冻 30 分钟，转冷藏 1 小时

05 整形
长方形块

06 最终醒发
温度 32℃、湿度 75%，50~60 分钟

07 烘烤
上火 200℃、下火 190℃，10 分钟

08 后期
冷却后从中间切开，刷一层杏子果酱，再挤上卡仕达酱

09 装饰
镜面果胶、防潮糖粉

卡仕达酱

配方

牛奶	350 克
细砂糖	70 克
蛋黄	70 克
低筋面粉	35 克
香草荚	1 根
黄油	7 克

制作过程

1. 将牛奶倒入锅内加热煮沸，将香草荚对半切开取籽，加入牛奶中，一起煮沸。
2. 将蛋黄与细砂糖混合打发至发白，筛入低筋面粉，搅拌均匀。
3. 加入香草籽牛奶，回锅搅拌均匀，边煮边不停用手持搅拌球搅拌，煮至浓稠。
4. 加入黄油，搅拌均匀，表面覆盖保鲜膜，冷藏备用。

主面团

配方

	烘焙百分比（%）
山茶花高筋面粉 ┈┈┈ 125 克	50
紫罗兰低筋面粉 ┈┈┈ 125 克	50
细砂糖 ┈┈┈┈┈┈ 25 克	10
海藻糖 ┈┈┈┈┈┈ 25 克	10
盐 ┈┈┈┈┈┈┈┈ 3 克	1.2
鲜酵母 ┈┈┈┈┈┈ 7.5 克	3
酸奶油 ┈┈┈┈┈┈ 25 克	10
淡奶油 ┈┈┈┈┈┈ 50 克	20
水 ┈┈┈┈┈┈┈┈ 38 克	15.2
蛋黄 ┈┈┈┈┈┈┈ 25 克	10
全蛋 ┈┈┈┈┈┈┈ 38 克	15.2
无盐黄油 ┈┈┈┈┈ 50 克	20

馅料

配方

卡仕达酱 ┈┈┈┈┈┈┈┈ 适量	
杏子果酱 ┈┈┈┈┈┈┈┈ 适量	

装饰

材料

镜面果胶 ┈┈┈┈┈┈┈┈ 适量	
防潮糖粉 ┈┈┈┈┈┈┈┈ 适量	
蛋液 ┈┈┈┈┈┈ 适量（刷表面）	

制作过程

1. 搅拌：将鲜酵母搓碎，和其他所有材料一起放入面缸中，用 1 档搅打 3 分钟后换 2 档搅打 6~10 分钟，搅拌至拉开能形成较薄的筋膜（打好的面团温度为 23.5℃）。
2. 基础发酵：将面团取出，包折光滑，表面包上包面纸，放置室温醒发 20 分钟后再冷藏 1 小时。
3. 二次发酵：将面团取出，用擀面棍擀至厚薄均匀，将面团两侧向中间折叠起来，压成长方形，表面包上包面纸，冷冻 30 分钟后再冷藏 1 小时。
4. 整形：取出面团，先压扁成长方形，再放在压面机上压至 1.2 厘米的厚度（也可以用大的擀面棍擀压）， 将压好的面片边缘修饰整齐，分切成 10.5 厘米×4 厘米大小，将切好的面片底部朝上，摆放在烤盘内。
5. 最终醒发：放入醒发箱以温度 32℃、湿度 75%，醒发 50~60 分钟。
6. 烘烤：在面团表面刷上蛋液，放入烤箱以上火 200℃、下火 190℃，烘烤 10 分钟，取出冷却。
7. 夹馅：将冷却好的牛奶面包对半斜着切出切口，在切口内刷上一层杏子果酱，再挤上卡仕达酱。
8. 装饰：在表面刷上一层镜面果胶，最后筛上一层防潮糖粉。

🍴 制作难点 🥄

- 如没有起酥机，用擀面棍将面团擀压成形时力度需要大些，将面团擀压得薄厚均匀，才能保证成品的美观。
- 制作卡仕达酱的过程中，回煮收稠的时候要确保用手持搅拌球不停地搅拌，且要搅拌到锅的各个部位，避免煳底。

小贴士

- 海藻糖与麦芽糖结构相似，具有很强的持水性，能很好地锁住食品中的水分，可以延长食品保质期。
- 酸奶油是由乳酸菌发酵制成的稀奶油制品，香味更加浓郁。
- 镜面果胶如果没有可以省略，其作用是提亮，引发食欲。

红豆面包

红豆面包是软质面包，也属于小餐包，内馅是红豆馅，有很多面包师会在面包的表面做出花纹，如樱花的样式，可以说红豆面包是日本的国民面包。

扫一扫，
看高清视频

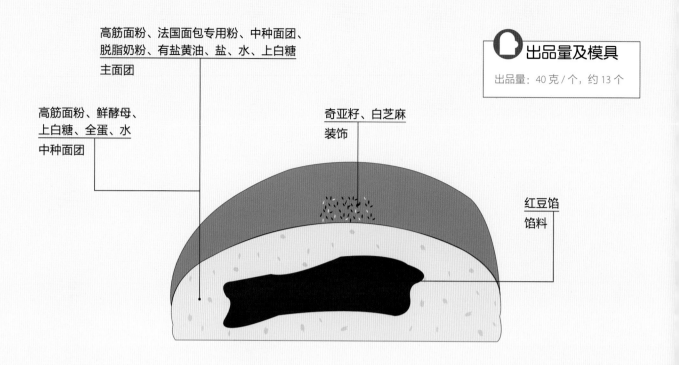

高筋面粉、法国面包专用粉、中种面团、
脱脂奶粉、有盐黄油、盐、水、上白糖
主面团

高筋面粉、鲜酵母、
上白糖、全蛋、水
中种面团

奇亚籽、白芝麻
装饰

红豆馅
馅料

出品量及模具

出品量：40 克 / 个，约 13 个

产品制作流程

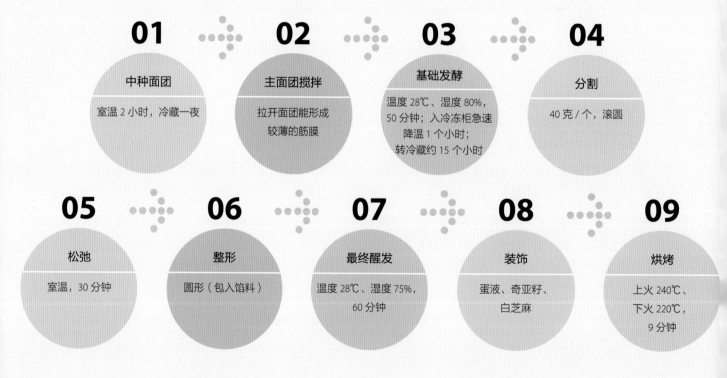

01
中种面团
室温 2 小时，冷藏一夜

02
主面团搅拌
拉开面团能形成
较薄的筋膜

03
基础发酵
温度 28℃、湿度 80%，
50 分钟；入冷冻柜急速
降温 1 个小时；
转冷藏约 15 个小时

04
分割
40 克 / 个，滚圆

05
松弛
室温，30 分钟

06
整形
圆形（包入馅料）

07
最终醒发
温度 28℃、湿度 75%，
60 分钟

08
装饰
蛋液、奇亚籽、
白芝麻

09
烘烤
上火 240℃、
下火 220℃，
9 分钟

中种面团

配方

高筋面粉	210 克
上白糖	9 克
鲜酵母	9 克
全蛋	90 克
水	36 克

制作过程

将所有材料放入搅拌缸中，用 1 档将材料混合均匀，取出面团，放在室温下发酵 2 小时，再放入冰箱中冷藏一夜后使用。

主面团

配方

高筋面粉	18 克
法国面包专用粉	36 克
上白糖	45 克
盐	1.5 克
脱脂奶粉	7.5 克
水	22 克
中种面团	354 克
有盐黄油	36 克

馅料

配方

红豆馅	520 克

装饰

材料

奇亚籽	适量
白芝麻	适量

制作过程

1. 搅拌：将主面团配方中的中种面团、干性材料和湿性材料放入搅拌缸中，用 1 档混合搅拌至材料混合均匀，加入有盐黄油，用 1 档搅拌至混合均匀，换 2 档继续搅拌至面团能形成较薄的筋膜。

2. 基础发酵：放入温度 28℃、湿度 80% 的醒发箱中醒发 50 分钟，取出放入冷冻柜中急速降温 1 个小时，再放入冰箱冷藏约 15 个小时，备用。

3. 分割：用切面刀分割出每个 40 克的小面团，揉圆。

4. 松弛：放在室温下松弛 30 分钟。

5. 整形：将面团放在手心上，按出一个凹槽，包入 40 克红豆馅，捏好。

6. 最终醒发：放入烤盘中，在温度 28℃、湿度 75% 的醒发箱中发酵 60 分钟（至原来体积的两倍大）。

7. 装饰：在面团表面刷一层蛋液，在中心处撒上奇亚籽（或白芝麻）。

8. 烘烤：入烤箱，以上火 240℃、下火 220℃，烘烤 9 分钟左右。

制作难点

此款面包整形要圆润，发酵要到位，才能保证成品的美观。

小贴士

- 奇亚籽又名芡欧鼠尾草籽，含有一种可溶性纤维，营养全面，可以提高机体免疫力。可以用黑芝麻代替。
- 上白糖是日本特有的一种糖，颗粒较细，水分含量多，具有极好的保湿性，烘焙时较易上色。可以用细砂糖替代。

菠萝可可

此款面包的特别之处是加入了米粉，兼具米粉和面粉香。日本对大米是非常看重的，大米在日本饮食中的地位很高。米粉不但可以用来制作面包面团，还可以做馅料，米粉奶油酥皮富有创意的同时，使这款面包极具日式风格。这款面包加入了大量的液体材料，口感绵软。

扫一扫，
看高清视频

出品量及模具

出品量：80克/个，13个
模具：圆形模具

上白糖、脱脂奶粉、全蛋、菠萝果汁、黄油
添加材料

糖粉、椰子粉
装饰

高筋面粉、低筋面粉、盐、水、鲜酵母
基础材料

米粉奶油酥皮

制作卡仕达酱回煮的时候需要用手持搅拌球不停搅拌奶锅的各个部位，避免糊底，最后加入的黄油需提前软化，如果太冷、过硬的话，和热的材料混合时容易引起油水分离。

产品制作流程

01 卡仕达酱	02 米粉奶油酥皮	03 搅拌	04 基础发酵
15 分钟	10 分钟	拉开面团能形成较薄的筋膜	室温，50 分钟

05 分割	06 预整形	07 中间醒发	08 整形
80 克/个	揉圆	室温，20 分钟	圆形（模具）

09 最终醒发	10 装饰	11 烘烤	12 后期
温度 28℃、湿度 75%，40~50 分钟	米粉奶油酥皮	上火 170℃、下火 160℃，17 分钟左右	筛椰子粉和糖粉的混合物

小贴士

● 上白糖是日本特有的一种糖，颗粒较细，水分含量多，具有极好的保湿性，烘焙时较易上色。可用细砂糖替代。

● 鲜酵母和干酵母可用 2∶1 的比例进行换算。

卡仕达酱

配方

无盐黄油	10 克
上白糖	60 克
玉米淀粉	9 克
低筋面粉	15 克
蛋黄	60 克
香草精	1.5 克
牛奶	300 克

制作过程

准备：无盐黄油提前软化，备用。

1. 将牛奶放入锅中，加热至 60℃，加入香草精搅拌均匀。
2. 同时将蛋黄和上白糖放入搅拌盆中，用手持搅拌球搅拌至颜色发白，加入低筋面粉和玉米淀粉，继续搅拌均匀。
3. 将"步骤 1"倒入"步骤 2"中拌匀，再倒入锅中，继续加热至液体变得浓稠，期间要用手持搅拌球不停地搅拌。
4. 分次加入软化的无盐黄油，搅拌至完全融合即可，倒入烤盘中，覆上保鲜膜，置于冰箱中冷藏降温备用。

米粉奶油酥皮

配方

米粉	100 克
低筋面粉	10 克
盐	1 克
卡仕达酱	100 克
黄油	190 克
椰子油	10 克
热水（80℃以上）	110 克

制作过程

1. 将米粉、低筋面粉、盐和黄油放入盆中，用打蛋器搅拌均匀。
2. 加入卡仕达酱，继续搅拌均匀。
3. 加入椰子油搅拌均匀。
4. 加入热水搅拌均匀，冷却后装入裱花袋备用。

主面团

配方

		烘焙百分比（%）
高筋面粉	425 克	85
低筋面粉	75 克	15
上白糖	75 克	15
盐	5 克	1
脱脂奶粉	20 克	4
鲜酵母	20 克	4
水	125 克	25
菠萝果汁	100 克	20
全蛋	150 克	30
黄油	50 克	10

制作过程

准备：糖粉和椰子粉按 1：1 混合。

1. 搅拌：将除黄油以外的所有材料加入搅拌机中，用 1 档搅打至材料混合均匀，再调至 2 速搅打至面团不粘连缸壁，加入黄油，用 2 档搅打至混合，转快速搅打至面团拉开能形成较薄的筋膜。
2. 基础发酵：将打好的面团放在室温下，发酵 50 分钟。
3. 分割：取出面团，用切面刀分割成每个 80 克的小面团。
4. 预整形：将每个面团揉圆。
5. 中间醒发：放在室温下松弛 20 分钟。
6. 整形：再将其滚圆（底口封好），放入圆形模具中。

7. 最终醒发：放入温度为 28℃、湿度为 75% 的醒发箱中发酵 40~50 分钟。
8. 装饰馅料：取出，在表面用螺旋绕圈的方式挤上米粉奶油酥皮。
9. 烘烤：入烤箱，以上火 170℃、下火 160℃烘烤 17 分钟左右。
10. 最终装饰：脱模冷却，在表面筛上椰子粉和糖粉混合物。

装饰

材料

糖粉	适量
椰子粉	适量

蔬菜面包

此款产品是日式料理类面包，甜面团搭配蔬菜，满足口感与营养的双重需求，是适宜快节奏生活方式的一款面包。

出品量及模具

出品量: 70 克/个, 11 个

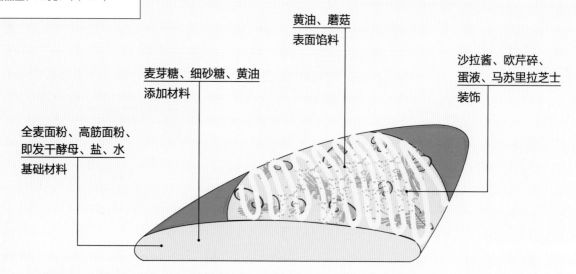

全麦面粉、高筋面粉、
即发干酵母、盐、水
基础材料

麦芽糖、细砂糖、黄油
添加材料

黄油、蘑菇
表面馅料

沙拉酱、欧芹碎、
蛋液、马苏里拉芝士
装饰

产品制作流程

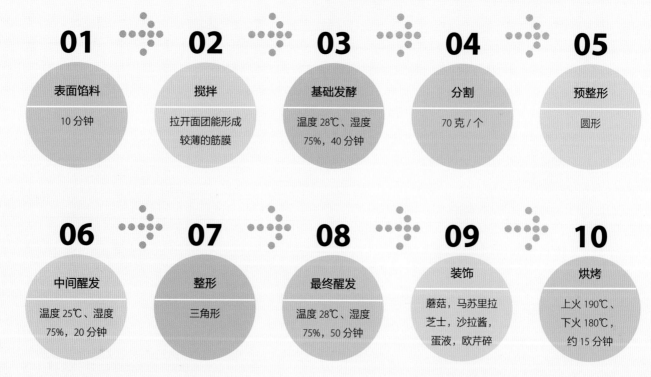

01 表面馅料
10 分钟

02 搅拌
拉开面团能形成较薄的筋膜

03 基础发酵
温度 28℃、湿度 75%, 40 分钟

04 分割
70 克/个

05 预整形
圆形

06 中间醒发
温度 25℃、湿度 75%, 20 分钟

07 整形
三角形

08 最终醒发
温度 28℃、湿度 75%, 50 分钟

09 装饰
蘑菇, 马苏里拉芝士, 沙拉酱, 蛋液, 欧芹碎

10 烘烤
上火 190℃、下火 180℃, 约 15 分钟

表面馅料

配方

黄油	适量
蘑菇（海鲜菇等均可）	适量

制作过程

将黄油放入锅里加热熔化，加入蘑菇煸炒至香备用。

主面团

配方

		烘焙百分比（%）
全麦面粉	160 克	36.3
高筋面粉	280 克	63.7
即发干酵母	3.6 克	0.8
麦芽糖	1.6 克	0.3
盐	7.2 克	1.6
细砂糖	32 克	7.3
18℃水	272 克	61.8
黄油	16 克	3.6

制作过程

1. 搅拌：将除黄油外的所有材料加入搅拌缸内，低速搅拌均匀成团，加入黄油，低速搅拌均匀后转快速搅拌至面团拉开能形成较薄的筋膜。
2. 基础发酵：取出面团，翻折至表面光滑，放入醒发箱以温度 28℃、湿度 75%，醒发 40 分钟。
3. 分割：将面团分割成每个 70 克的小面团，揉圆。
4. 中间醒发：放入醒发箱，以温度 25℃、湿度 75%，醒发 20 分钟。
5. 整形：将面团擀成圆形薄片，折叠成三角形，收口收好朝下放置。
6. 最终醒发：放入烤盘中，在温度 28℃、湿度 75% 的醒发箱中发酵 50 分钟。
7. 装饰：表面刷一层蛋液，均匀铺上煸炒好的蘑菇，撒上马苏里拉芝士碎，斜向挤适量沙拉酱。
8. 烘烤：入炉，以上火 190℃、下火 180℃，烘烤约 15 分钟。
9. 最终装饰：出炉后撒少许欧芹碎装饰。

装饰

材料

蛋液	适量
马苏里拉芝士碎	适量
沙拉酱	适量
欧芹碎	适量

🍴 制作难点 🥄

三角形整形要规整。

小贴士

- 芝士优选马苏里拉，适宜烘烤且有拉丝的效果。
- 蘑菇一定要煸干水分，才能充分发挥香味，水分太多的话不适宜放在面包表面。

青豌豆蜜豆面包

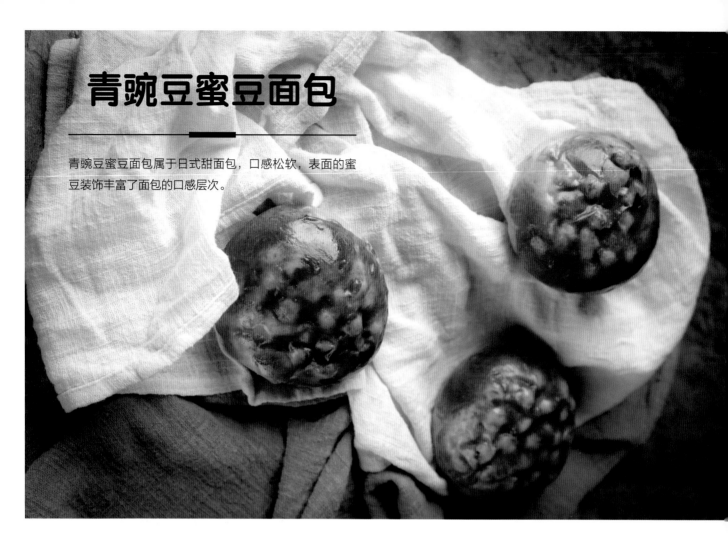

青豌豆蜜豆面包属于日式甜面包，口感松软，表面的蜜豆装饰丰富了面包的口感层次。

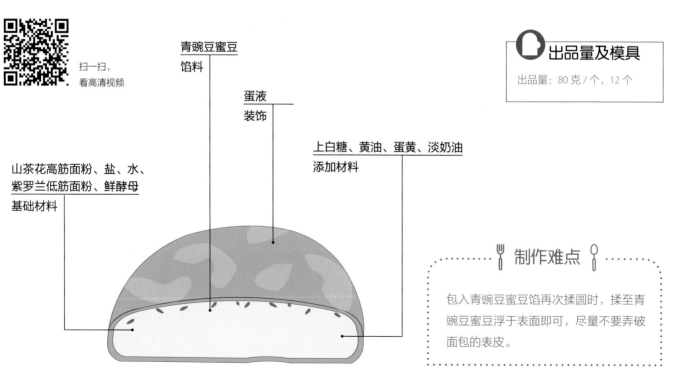

青豌豆蜜豆
馅料

蛋液
装饰

上白糖、黄油、蛋黄、淡奶油
添加材料

山茶花高筋面粉、盐、水、
紫罗兰低筋面粉、鲜酵母
基础材料

出品量及模具

出品量：80 克／个，12 个

制作难点

包入青豌豆蜜豆馅再次揉圆时，揉至青豌豆蜜豆浮于表面即可，尽量不要弄破面包的表皮。

产品制作流程

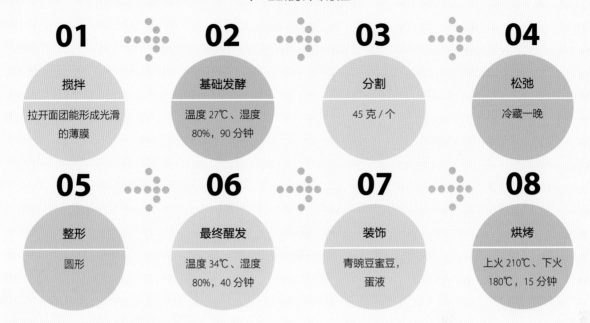

01 搅拌 — 拉开面团能形成光滑的薄膜

02 基础发酵 — 温度 27℃、湿度 80%，90 分钟

03 分割 — 45 克 / 个

04 松弛 — 冷藏一晚

05 整形 — 圆形

06 最终醒发 — 温度 34℃、湿度 80%，40 分钟

07 装饰 — 青豌豆蜜豆，蛋液

08 烘烤 — 上火 210℃、下火 180℃，15 分钟

主面团

配方

		烘焙百分比（%）
山茶花高筋面粉	260 克	80
紫罗兰低筋面粉	65 克	20
上白糖	80 克	25
盐	2.5 克	0.7
鲜酵母	13 克	4
无盐黄油	16 克	5
蛋黄	26 克	8
淡奶油	16 克	5
水	182 克	56

馅料

配方

青豌豆蜜豆	适量

装饰

材料

蛋液	适量

制作过程

1. 搅拌：将蛋黄、淡奶油、水、盐和上白糖倒入搅拌缸中，用打蛋器搅拌均匀。加入山茶花高筋面粉和紫罗兰低筋面粉，用钩状搅拌器搅拌成面团状。加入鲜酵母，慢速搅打均匀，最后加入无盐黄油，慢速搅打均匀后转中速搅拌，至面团能拉出光滑的薄膜。

2. 基础发酵：将面团取出折叠，使面团表面饱满光滑，放入周转箱中，然后放入醒发箱中，以温度 27℃、湿度 80%，发酵 90 分钟。

3. 分割：取出，将面团分割成每个 45 克的小面团，揉圆。

4. 松弛：用保鲜膜密封，放入冰箱冷藏一晚。

5. 预整形：取出，回温，将面团拍平，包入 20 克青豌豆蜜豆馅，揉圆，接口朝下放入烤盘中，放置室温，松弛 10 分钟。

6. 最终整形：再次将面团搓圆，使青豌豆蜜豆浮于面包表面，放在烤盘内。

7. 最终醒发：放入醒发箱，以温度 34℃、湿度 80%，醒发 40 分钟。

8. 装饰：取出面团，用毛刷在表面刷上一层蛋液。

9. 烘烤：入烤箱，以上火 210℃、下火 180℃，烘烤 15 分钟。

小贴士

- 上白糖是日本特有的一种糖，颗粒较细，水分含量多，具有极好的保湿性，烘焙时较易上色。上白糖可以用细砂糖替代。
- 青豌豆蜜豆馅可用蜜红豆或蜜五彩豆替代。
- 鲜酵母用耐高糖酵母。

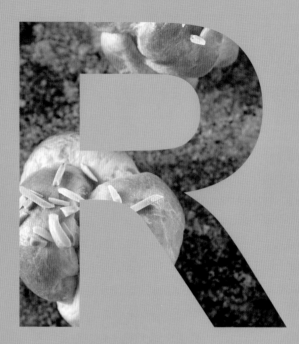

法式面包

布里欧修小球

这款面包因为大量鸡蛋的加入，面包内心的颜色较黄，口感松软，乳脂香味浓郁。帽子状布里欧修是最经典的布里欧修款式。

扫一扫，
看高清视频

出品量及模具

出品量：50 克 / 个，11 个

模具：布里欧修 10 瓣花模

蛋液
装饰

T65 面粉、T45 面粉、盐、鲜酵母
基础材料

细砂糖、黄油、鸡蛋、牛奶
添加材料

 制作难点

整形时可以用手指将布里欧修头部小圆球按入模具底部，
以免发酵和烘烤的时候造成倾斜。

074

产品制作流程

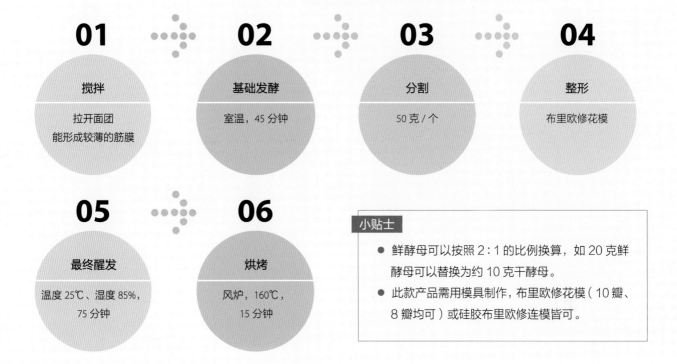

01 搅拌
拉开面团
能形成较薄的筋膜

02 基础发酵
室温，45 分钟

03 分割
50 克 / 个

04 整形
布里欧修花模

05 最终醒发
温度 25℃、湿度 85%，
75 分钟

06 烘烤
风炉，160℃，
15 分钟

小贴士

- 鲜酵母可以按照 2:1 的比例换算，如 20 克鲜酵母可以替换为约 10 克干酵母。
- 此款产品需用模具制作，布里欧修花模（10 瓣、8 瓣均可）或硅胶布里欧修连模皆可。

主面团

配方

		烘焙百分比（%）
T65 面粉	125 克	50
T45 面粉	125 克	50
盐	5 克	2
细砂糖	35 克	14
鲜酵母	12.5 克	5
全蛋	100 克	40
牛奶	50 克	20
黄油	100 克	40

装饰

材料

蛋液	适量

制作过程

1. 搅拌：将除黄油外的所有材料放入搅拌缸中，低速搅拌 15 分钟至混合均匀，然后分 2~3 次加入切成小块的黄油，每次加入黄油后需搅打至油脂混合均匀再加入下一次，搅打至面团表面光滑，且能形成较薄的筋膜即可。

2. 基础发酵：取出面团，放入周转箱，表面盖上包面纸，放置于室温下，基础发酵 45 分钟。

3. 分割：用切面刀将面团分割成每个 50 克的小面团，滚圆，松弛。

4. 整形：将面团搓成梨形后直立于手掌，将小指放在面团中间，边搓边往下压，压成左右一大一小的球且不断开。然后大球在下放进花模中，往下压扁，用手指压小球下端，压一圈，使小球稳定地处于中间位置，摆入烤盘。

5. 最终醒发：送入醒发箱，以温度 25℃、湿度 85%，发酵 75 分钟。

6. 烘烤：在面团表面均匀刷一层蛋液，放入风炉，以 160℃烘烤 15 分钟。

布里欧修挞

加入了黄油颗粒的布里欧修奶香味更加浓郁,佐咖啡、茶皆宜。

扫一扫,
看高清视频

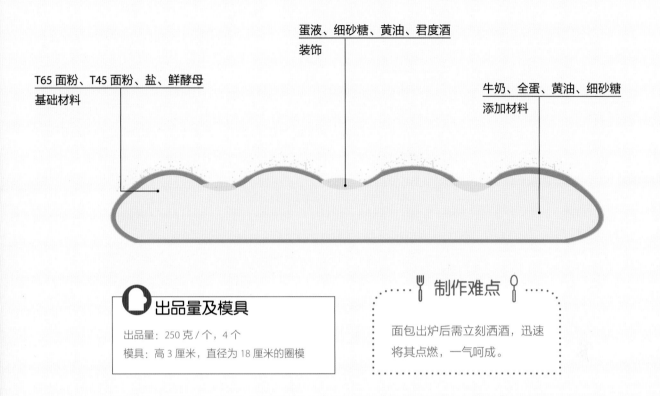

蛋液、细砂糖、黄油、君度酒
装饰

T65 面粉、T45 面粉、盐、鲜酵母
基础材料

牛奶、全蛋、黄油、细砂糖
添加材料

出品量及模具

出品量：250 克 / 个，4 个

模具：高 3 厘米，直径为 18 厘米的圈模

制作难点

面包出炉后需立刻洒酒，迅速
将其点燃，一气呵成。

产品制作流程

01

搅拌

拉开面团
能形成较薄的筋膜

02

基础发酵

室温，45 分钟

03

分割

250 克 / 个

04

松弛

3℃，冷藏 30 分钟

05

整形

圆形

06

最终醒发

温度 23℃、湿度 75%，
90 分钟

07

装饰

蛋液，黄油粒，
细砂糖，君度酒

08

烘烤

上火 180℃、下火
170℃，15 分钟

主面团

配方

		烘焙百分比（%）
T65 面粉	250 克	50
T45 面粉	250 克	50
盐	10 克	2
细砂糖	70 克	14
鲜酵母	25 克	5
全蛋	200 克	40
牛奶	100 克	20
黄油	200 克	40

装饰

材料

蛋液	适量
细砂糖	适量
黄油	适量（切小块）
君度酒	少许

制作过程

1. 搅拌：将除黄油以外的所有材料放入搅拌缸中，低速搅拌 15 分钟至混合均匀，然后分 2~3 次加入切成小块的黄油，每次加入黄油后需搅打至油脂混合均匀再加入下一次，搅打至面团表面光滑，且能形成较薄的筋膜即可。

2. 基础发酵：取出放入周转箱，密封，放置于室温下，基础发酵 45 分钟。

3. 分割与松弛：取出面团，将面团分割成每个 250 克的面团，揉圆，摆入烤盘，放入冰箱以 3℃冷藏松弛 30 分钟。

4. 整形：松弛完毕，将面团用擀面棍擀成圆片，放入高 3 厘米、直径为 18 厘米的圈模底部，铺平，放入烤盘。

5. 最终醒发：将烤盘放入醒发箱，以温度 23℃、湿度 75%，发酵 90 分钟。

6. 装饰：取出，在面团表面刷一层蛋液，用手沾上冰水，在面团表面戳洞，再塞入切块黄油，表面撒上细砂糖。

7. 烘烤：入烤箱以上火 180℃、下火 170℃，烘烤 15 分钟，出炉，趁热脱模，在表面淋少许君度酒，迅速点燃，使酒精挥发。

小贴士

表面装饰可以依喜好将黄油块替换为巧克力豆、珍珠糖、榛果粒等，君度酒点燃步骤可省略，其他配方用量、操作步骤、烘烤温度、烘烤时间不变，即可衍生出另外一款布里欧修挞。

松软巧克力布里欧修

加入了巧克力海绵蛋糕馅料的布里欧修口感更丰盈。

扫一扫，
看高清视频

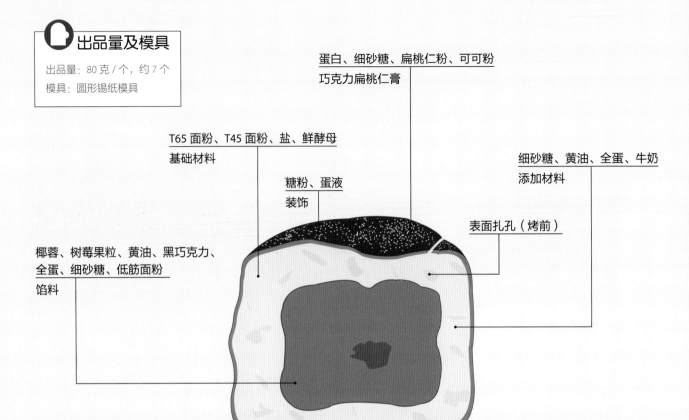

出品量及模具

出品量：80 克 / 个，约 7 个
模具：圆形锡纸模具

蛋白、细砂糖、扁桃仁粉、可可粉
巧克力扁桃仁膏

T65 面粉、T45 面粉、盐、鲜酵母
基础材料

糖粉、蛋液
装饰

细砂糖、黄油、全蛋、牛奶
添加材料

表面扎孔（烤前）

椰蓉、树莓果粒、黄油、黑巧克力、
全蛋、细砂糖、低筋面粉
馅料

产品制作流程

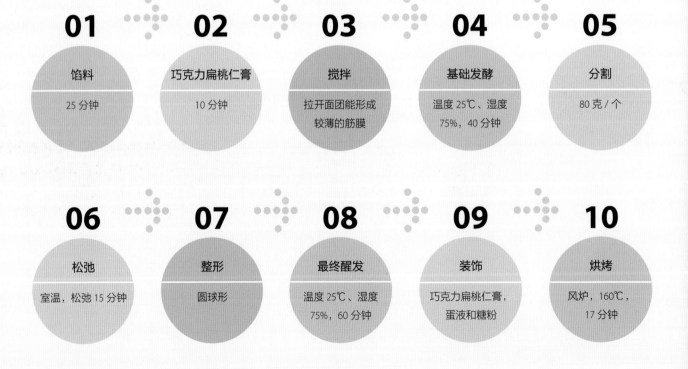

01 馅料 — 25 分钟

02 巧克力扁桃仁膏 — 10 分钟

03 搅拌 — 拉开面团能形成较薄的筋膜

04 基础发酵 — 温度 25℃、湿度 75%，40 分钟

05 分割 — 80 克 / 个

06 松弛 — 室温，松弛 15 分钟

07 整形 — 圆球形

08 最终醒发 — 温度 25℃、湿度 75%，60 分钟

09 装饰 — 巧克力扁桃仁膏，蛋液和糖粉

10 烘烤 — 风炉，160℃，17 分钟

馅料

配方

黄油	75 克
黑巧克力	75 克
全蛋	50 克
细砂糖	85 克
低筋面粉	35 克
椰蓉	40 克
树莓果粒	适量

制作过程

1. 将黑巧克力和黄油熔化备用。
2. 将细砂糖和全蛋放入盆中，用打蛋器搅拌至发白，加入"步骤 1"，搅拌均匀。
3. 加入过筛的低筋面粉搅拌均匀，再加入椰蓉搅拌均匀，装入裱花袋，挤入八边形硅胶连模中，然后将树莓放在内馅中，入风炉，以 160℃烘烤 16 分钟，取出备用。

巧克力扁桃仁膏

配方

蛋白	65 克
细砂糖	25 克
扁桃仁粉	80 克
可可粉	10 克

制作过程

将蛋白和细砂糖放入盆中，用手持搅拌球搅拌至发白，加入过筛的扁桃仁粉和可可粉，搅拌均匀，装入裱花袋备用。

主面团

配方

		烘焙百分比（%）
T65 面粉	125 克	50
T45 面粉	125 克	50
盐	5 克	2
细砂糖	35 克	14
鲜酵母	12.5 克	5
全蛋	100 克	40
牛奶	50 克	20
黄油	100 克	40

制作过程

1. 搅拌：将除黄油外的所有材料放入搅拌缸中，低速搅拌 15 分钟至混合均匀，然后分 2~3 次加入切成小块的黄油，每次加入黄油后需搅打至油脂混合均匀再加入下一次，搅打至面团表面光滑，且能形成较薄的筋膜即可。
2. 基础发酵：取出面团，送入醒发箱，以温度 25℃、湿度 75%，发酵 40 分钟。
3. 分割：将面团分割成每个 80 克的小面团，揉圆，室温松弛 15 分钟。
4. 整形：用擀面棍将面团擀成圆形面皮，面皮中间放入馅料，包馅，收成圆球形，接口朝下放入圆形锡纸模具中，摆放在烤盘上。
5. 最终醒发：送入醒发箱，以温度 25℃、湿度 75%，发酵 60 分钟。
6. 装饰：用竹扦在面团表面扎五六个孔（排气用，防止烘烤时膨胀），表面刷蛋液，挤上巧克力扁桃仁膏覆盖住面团。
7. 烘烤：送入风炉，以 160℃烘烤 17 分钟，冷却后，在表面筛上适量的糖粉装饰。

装饰

材料

蛋液	适量
糖粉	适量

布里欧修小结

扫一扫,
看高清视频

出品量及模具

出品量：60克/个，9个

模具：布里欧修花模

制作难点

编辫子前搓长条要粗细均匀以保证整体美观，采用一股辫的编制手法。

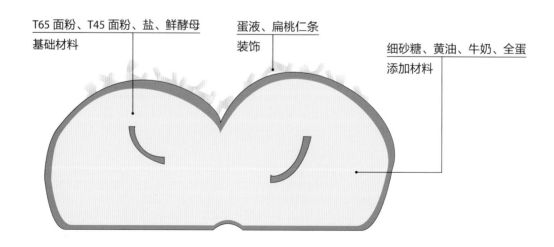

T65 面粉、T45 面粉、盐、鲜酵母
基础材料

蛋液、扁桃仁条
装饰

细砂糖、黄油、牛奶、全蛋
添加材料

产品制作流程

01 搅拌
拉开面团
能形成较薄的筋膜

02 基础发酵
室温，45 分钟

03 分割与整形
60 克 / 个，一股辫子状

04 最终醒发
温度 25℃、湿度 75%，
50 分钟

05 装饰
蛋液，扁桃仁条

06 烘烤
风炉，170℃，
17 分钟

小贴士

布里欧修花模，10 瓣或 8 瓣均可，外口直径约为
10 厘米。

主面团

配方

		烘焙百分比（%）
T65 面粉	125 克	50
T45 面粉	125 克	50
盐	5 克	2
细砂糖	35 克	14
鲜酵母	12.5 克	5
全蛋	100 克	40
牛奶	50 克	20
黄油	100 克	40

装饰

材料

蛋液	适量
扁桃仁条	适量

制作过程

1. 搅拌：将除黄油外的所有材料放入搅拌缸中，低速搅拌 15 分钟至混合均匀，然后分 2~3 次加入切成小块的黄油，每次加入黄油后需搅打至油脂混合均匀再加入下一次，搅拌至面团表面光滑，且能形成较薄的筋膜即可。

2. 基础发酵：取出放入周转箱，密封，放置于室温下，基础发酵 45 分钟。

3. 分割与整形：将面团分成每个 60 克的小面团，搓成长条，将一端缠绕一圈放在长条中间，将另一端穿过卷的圆圈的接口塞进对折点内，翻转面团做成辫子状，对折放入布里欧修花模中，摆入烤盘。

4. 最终醒发：放入醒发箱，以温度 25℃、湿度 75%，发酵 50 分钟。

5. 装饰：取出面团，在表面均匀刷上一层蛋液，撒满扁桃仁条。

6. 烘烤：送入风炉，以 170℃烘烤 17 分钟。

太极布里欧修

此款布里欧修采用"太极"造型，口感丰富，设计新奇。

扫一扫，
看高清视频

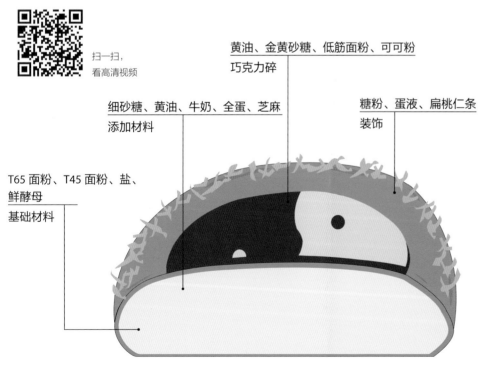

黄油、金黄砂糖、低筋面粉、可可粉
巧克力碎

细砂糖、黄油、牛奶、全蛋、芝麻
添加材料

糖粉、蛋液、扁桃仁条
装饰

T65 面粉、T45 面粉、盐、
鲜酵母
基础材料

🧑‍🍳 **出品量及模具**

出品量：60 克 / 个，10 个
模具：圆形锡纸托（直径为 8 厘米）

小贴士

用圈模压巧克力碎时需冻至
有一定硬度再进行操作。

产品制作流程

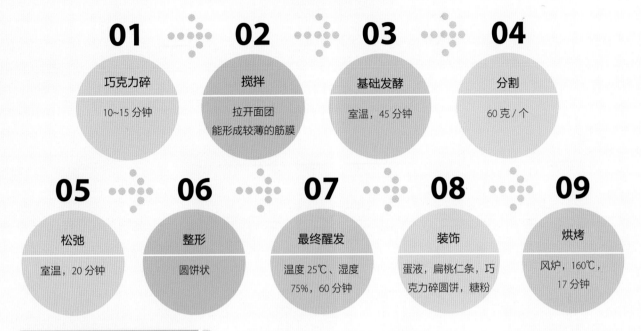

01 巧克力碎
10~15 分钟

02 搅拌
拉开面团
能形成较薄的筋膜

03 基础发酵
室温，45 分钟

04 分割
60 克 / 个

05 松弛
室温，20 分钟

06 整形
圆饼状

07 最终醒发
温度 25℃、湿度
75%，60 分钟

08 装饰
蛋液，扁桃仁条，巧
克力碎圆饼，糖粉

09 烘烤
风炉，160℃，
17 分钟

巧克力碎

配方

黄油⋯⋯⋯⋯100 克	低筋面粉⋯125 克
金黄砂糖⋯125 克	可可粉⋯⋯10 克

制作过程

1. 将黄油提前软化。
2. 将所有材料放入搅拌桶中搅拌成团，用擀面棍将面团擀成 2 毫米厚的面皮，用圈模切出圆片，放入速冻柜冷冻备用。

主面团

配方

		烘焙百分比（%）
T65 面粉⋯⋯⋯⋯⋯125 克		50
T45 面粉⋯⋯⋯⋯⋯125 克		50
盐⋯⋯⋯⋯⋯⋯⋯⋯5 克		2
细砂糖⋯⋯⋯⋯⋯⋯35 克		14
鲜酵母⋯⋯⋯⋯⋯12.5 克		5
全蛋⋯⋯⋯⋯⋯⋯100 克		40
牛奶⋯⋯⋯⋯⋯⋯50 克		20
黄油⋯⋯⋯⋯⋯⋯100 克		40
烤熟的芝麻⋯⋯⋯⋯80 克		32

装饰

材料

糖粉⋯⋯⋯⋯⋯⋯⋯⋯⋯⋯适量	
扁桃仁条⋯⋯⋯⋯⋯⋯⋯⋯适量	
蛋液⋯⋯⋯⋯⋯⋯⋯⋯⋯⋯适量	

制作过程

1. 搅拌：将除黄油和芝麻外的所有材料放入搅拌缸中，低速搅拌 15 分钟至混合均匀，然后分 2~3 次加入切成小块的黄油，每次加入黄油后需搅打至油脂混合均匀再加入下一次，搅打至面团表面光滑，加入芝麻搅拌均匀，至能形成较薄的筋膜即可。
2. 基础发酵：取出面团，置于台面折光滑，盖上包面纸，放置于室温下，基础发酵 45 分钟。
3. 分割：分割成每个 60 克的小面团，滚圆，放入烤盘，室温松弛 20 分钟。
4. 整形：用擀面棍将面团擀成圆饼状，放入圆形锡纸托中，摆放在烤盘上。
5. 最终醒发：放入醒发箱，以温度 25℃、湿度75%，醒发 60 分钟。
6. 装饰：在表面刷上一层蛋液，边缘粘上一圈扁桃仁条，将冻好的巧克力碎圆片覆盖在面团表面。
7. 烘烤：入风炉，以 160℃烘烤 17 分钟，冷却，在巧克力碎面片上放上"太极图案"模板，半侧筛上糖粉，使表面呈现太极图案作为装饰。

扫一扫，
看高清视频

焦糖牛奶米布里欧修

原味布里欧修乳脂香味浓郁，添加馅料后可以带来蛋糕般的享受。

出品量及模具

出品量：50 克 / 个，11 个

模具：圆形锡纸托（直径为 8 厘米），硅胶连模

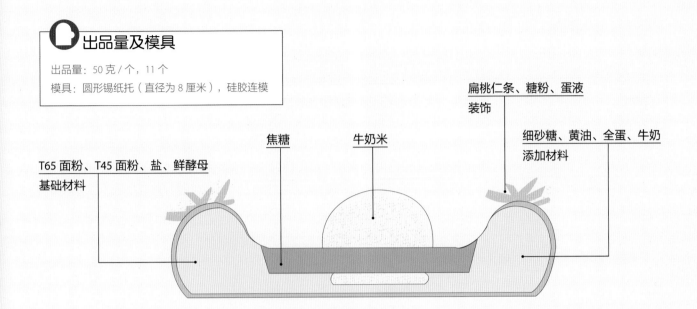

扁桃仁条、糖粉、蛋液
装饰

焦糖   牛奶米

细砂糖、黄油、全蛋、牛奶
添加材料

T65 面粉、T45 面粉、盐、鲜酵母
基础材料

产品制作流程

01
牛奶米
约 2 小时

02
焦糖
10~15 分钟

03
搅拌
搅打至拉开面团
能形成较薄的筋膜

04
基础发酵
室温，45 分钟

05
分割
50 克 / 个

06
整形
圆片

07
最终醒发
室温，75 分钟

08
装饰
牛奶米、焦糖、
扁桃仁条、糖粉

09
烘烤
风炉，160℃，
17 分钟

小贴士

意大利圆米是用来做意大利烩饭的基本材料，如没有可以用普通米替代。

牛奶米

配方

牛奶	1000 克
香草荚	2 克
意大利圆米	100 克
细砂糖	60 克
黄油	30 克

制作过程

1. 将香草荚用刀划开，取籽备用。
2. 将牛奶、香草荚、香草籽放入锅中小火加热，加入意大利圆米混合均匀，小火煮 40~50 分钟，加入细砂糖搅拌均匀。
3. 取出香草荚，加入黄油，搅拌均匀，包上保鲜膜，放入冰箱冷藏。
4. 取出牛奶米，装入高 1.5 厘米的圆柱形硅胶连模中，注满。再在小的半球硅胶模中注满剩余的牛奶米，放入速冻柜冷冻备用。

焦糖

配方

细砂糖	140 克
淡奶油	70 克
有盐黄油	30 克
吉利丁片	2 片

制作过程

准备：将吉利丁用冰水提前泡软。

1. 将细砂糖放在锅中持续加热至焦糖化。
2. 将淡奶油和有盐黄油混合加热至沸腾，然后加入"步骤 1"中混合均匀，离火。
3. 降温，加入泡好的吉利丁片拌匀，备用。

主面团

配方

		烘焙百分比（%）
T65 面粉	125 克	50
T45 面粉	125 克	50
盐	5 克	2
细砂糖	35 克	14
鲜酵母	12.5 克	5
全蛋	100 克	40
牛奶	50 克	20
黄油	100 克	40

装饰

材料

扁桃仁条	适量
糖粉	适量
蛋液	适量

制作过程

1. 搅拌：将除黄油外的所有材料放入搅拌缸中，低速搅拌 15 分钟至混合均匀，然后分 2~3 次加入切成小块的黄油，每次加入黄油后需搅打至油脂混合均匀再加入下一次，搅打至面团表面光滑，且能形成较薄的筋膜即可。
2. 基础发酵：取出面团放入周转箱，表面盖上包面纸，放置于室温下，基础发酵 45 分钟。
3. 分割：发酵完成后将面团分割成每个 50 克的小面团，揉圆，松弛。
4. 整形：用擀面棍将面团擀成直径约为 8 厘米的圆片，放入锡纸托中，摆放在烤盘中。
5. 最终醒发：放在室温下，继续醒发 75 分钟（发酵至原体积的 2.5 倍大）。
6. 装饰：取出牛奶米，脱模，放在面团的中心位置，下压使其与面团的高度齐平，在面团边缘刷上一圈蛋液，均匀撒上扁桃仁条。

7. 烘烤：入风炉，以 160℃烘烤 17 分钟，取出冷却，在牛奶米表面倒入适量焦糖，再放上半球形的牛奶米，边缘筛上糖粉即可。

柑橘布里欧修

柑橘布里欧修加入了柑橘和柠檬，口感清爽。

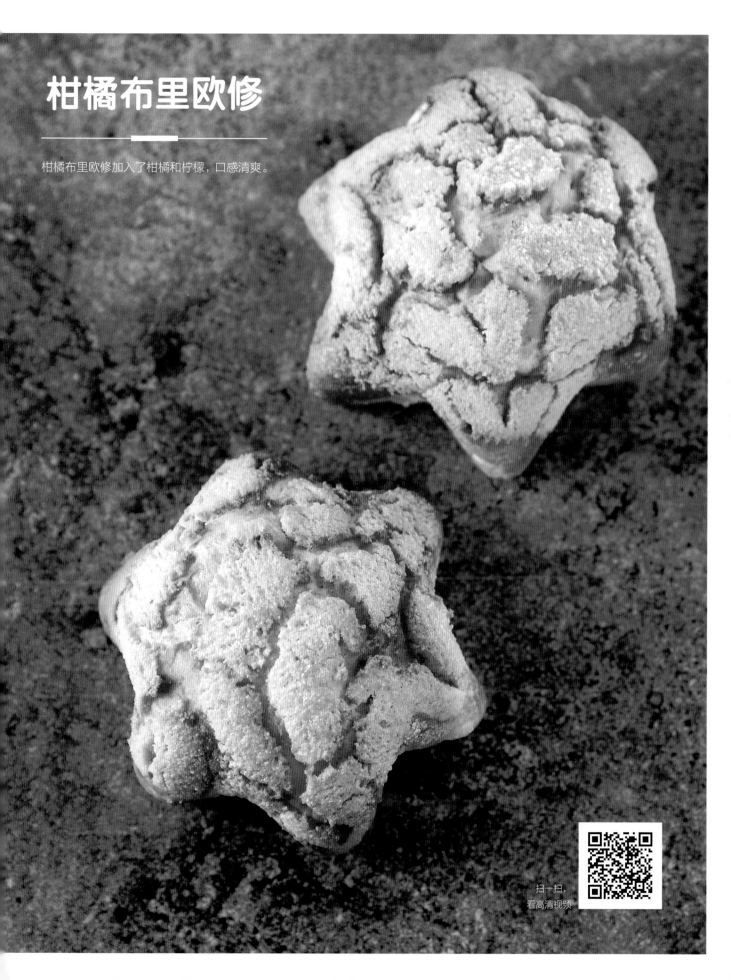

扫一扫，
看高清视频

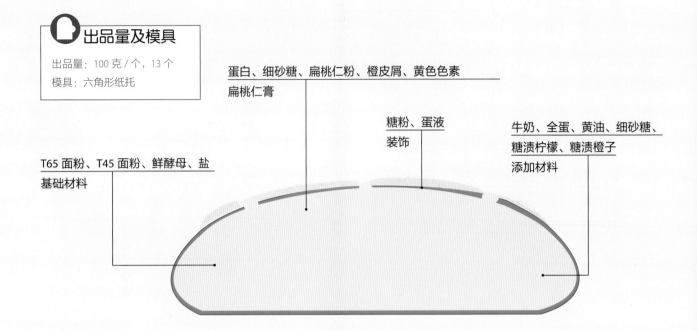

出品量及模具

出品量：100 克 / 个，13 个
模具：六角形纸托

蛋白、细砂糖、扁桃仁粉、橙皮屑、黄色色素
扁桃仁膏

糖粉、蛋液
装饰

牛奶、全蛋、黄油、细砂糖、
糖渍柠檬、糖渍橙子
添加材料

T65 面粉、T45 面粉、鲜酵母、盐
基础材料

产品制作流程

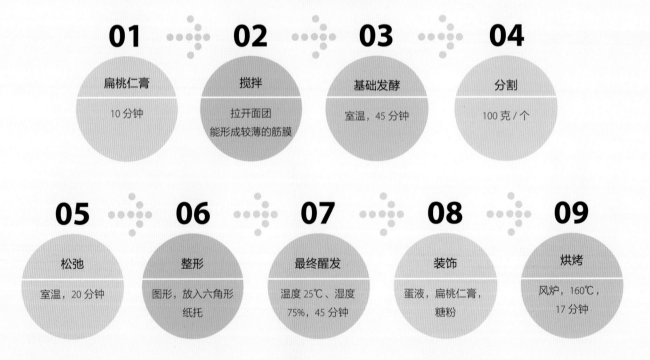

01
扁桃仁膏
10 分钟

02
搅拌
拉开面团
能形成较薄的筋膜

03
基础发酵
室温，45 分钟

04
分割
100 克 / 个

05
松弛
室温，20 分钟

06
整形
图形，放入六角形
纸托

07
最终醒发
温度 25℃、湿度
75%，45 分钟

08
装饰
蛋液，扁桃仁膏，
糖粉

09
烘烤
风炉，160℃，
17 分钟

小贴士

糖渍柠檬丁和糖渍橙子丁在搅拌的后期加入拌均匀即可，无须过早加入，避免破坏面筋。

扁桃仁膏

配方

蛋白	50 克
细砂糖	20 克
扁桃仁粉	62 克
橙皮屑	2 克
黄色色素	适量

制作过程

将蛋白、细砂糖和橙皮屑放入盆中，用打蛋器搅拌均匀，加入扁桃仁粉搅拌均匀，最后加入黄色色素拌匀，装入裱花袋，备用。

主面团

配方

		烘焙百分比（%）
T65 面粉	250 克	50
T45 面粉	250 克	50
盐	10 克	2
细砂糖	70 克	14
鲜酵母	25 克	5
全蛋	200 克	40
牛奶	100 克	20
黄油	200 克	40
糖渍柠檬（切丁）	100 克	
糖渍橙子（切丁）	100 克	

制作过程

1. 搅拌：将除黄油、糖渍柠檬、糖渍橙子外的所有材料放入搅拌缸中，低速搅拌 15 分钟至混合均匀，然后分 2~3 次加入切成小块的黄油，每次加入黄油后需搅拌至油脂混合均匀再加入下一次，搅打至面团表面光滑，且能形成较薄的筋膜，最后加入糖渍柠檬丁和糖渍橙子丁拌匀即可。

2. 基础发酵：取出面团，放在室温下，基础发酵 45 分钟。

3. 分割：将面团分割成每个 100 克的小面团，滚圆，摆放在烤盘上，室温松弛 20 分钟。

4. 整形：用擀面棍将面团擀成圆片，放入六角形的纸托中，用手将面团压平，使面团整体与六角形纸托贴合，放入烤盘。

5. 最终醒发：送入醒发箱，以温度 25℃、湿度 75%，醒发 45 分钟。

6. 装饰：在面包表面均匀刷上蛋液，挤上一层扁桃仁膏，表面筛糖粉。

7. 烘烤：送入风炉，以 160℃烘烤 17 分钟。

装饰

材料

糖粉	适量
蛋液	适量

古典布里欧修

此款布里欧修以柠檬汁腌渍过的苹果丝为装饰馅料，在口感松软的基础上增添了水果的风味，适宜作为下午茶点心食用。

扫一扫
看高清视频

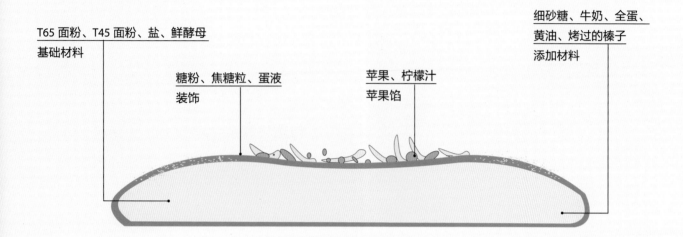

出品量及模具

出品量：60 克 / 个，20 个
模具：圆形锡纸托（直径为 8 厘米）

T65 面粉、T45 面粉、盐、鲜酵母
基础材料

糖粉、焦糖粒、蛋液
装饰

苹果、柠檬汁
苹果馅

细砂糖、牛奶、全蛋、
黄油、烤过的榛子
添加材料

产品制作流程

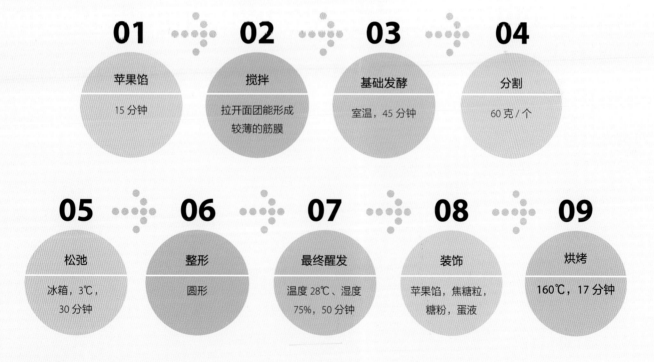

01
苹果馅
15 分钟

02
搅拌
拉开面团能形成
较薄的筋膜

03
基础发酵
室温，45 分钟

04
分割
60 克 / 个

05
松弛
冰箱，3℃，
30 分钟

06
整形
圆形

07
最终醒发
温度 28℃、湿度
75%，50 分钟

08
装饰
苹果馅，焦糖粒，
糖粉，蛋液

09
烘烤
160℃，17 分钟

小贴士

烤过的榛子在搅拌的后期加入，与面团搅拌均匀即可。

苹果馅

配方

苹果	500 克
柠檬汁	适量

制作过程

将苹果清洗干净，用刨皮刀刨丝，放入盆中，加入柠檬汁拌匀腌渍后沥干水分备用。

主面团

配方

		烘焙百分比（%）
T65 面粉	250 克	50
T45 面粉	250 克	50
盐	10 克	2
细砂糖	70 克	14
鲜酵母	25 克	5
全蛋	200 克	40
牛奶	100 克	20
黄油	200 克	40
烤过的榛子	90 克	

制作过程

1. 搅拌：将除黄油和榛子外的所有材料放入搅拌缸中，低速搅拌 15 分钟至混合均匀，然后分 2~3 次加入切成小块的黄油，每次加入黄油后需搅打至油脂混合均匀再加入下一次，搅打至面团表面光滑，且能形成较薄的筋膜，加入榛子搅拌均匀即可。

2. 基础发酵：取出面团，放入周转箱，放置于室温下，发酵 45 分钟。

3. 分割与松弛：分割成每个 60 克的小面团，揉圆，摆入烤盘，放入冰箱，以 3℃冷藏松弛 30 分钟。

4. 整形：用擀面棍将面团擀成直径约为 8 厘米的圆形，放入圆形锡纸托中。

5. 最终醒发：送入醒发箱以温度 28℃、湿度 75%，醒发 50 分钟。

6. 馅料与装饰：表面刷一层蛋液，撒上焦糖粒，然后均匀地放上准备好的苹果馅。

7. 烘烤：送入风炉，以 160℃烘烤 17 分钟，取出冷却，筛适量糖粉作为装饰。

装饰

材料

糖粉	适量
焦糖粒	100 克
蛋液	适量

夕阳面包

布里欧修是法国非常著名的面包,历史悠久,其特点是含油、含蛋量很高,内部超级柔软湿润,所以人们也会将其作为点心食用。经过改良,烘焙师们添加了各种馅料,增加了更多整形方式,这款产品就是包含了柠檬口味卡仕达酱和巧克力占度亚的花形布里欧修。

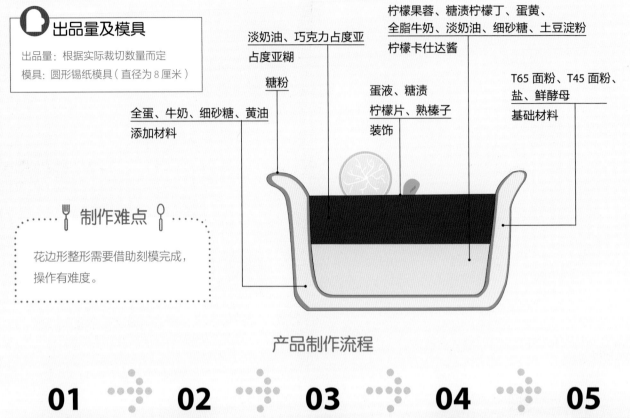

出品量及模具

出品量：根据实际裁切数量而定

模具：圆形锡纸模具（直径为8厘米）

柠檬果蓉、糖渍柠檬丁、蛋黄、
全脂牛奶、淡奶油、细砂糖、土豆淀粉
柠檬卡仕达酱

淡奶油、巧克力占度亚
占度亚糊
糖粉

T65面粉、T45面粉、
盐、鲜酵母
基础材料

蛋液、糖渍
柠檬片、熟榛子
装饰

制作难点

花边形整形需要借助刻模完成，
操作有难度。

全蛋、牛奶、细砂糖、黄油
添加材料

产品制作流程

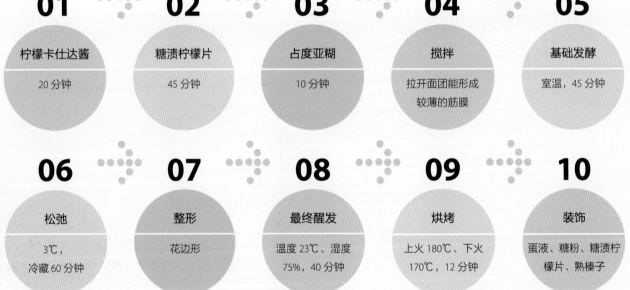

01 柠檬卡仕达酱 — 20分钟

02 糖渍柠檬片 — 45分钟

03 占度亚糊 — 10分钟

04 搅拌 — 拉开面团能形成较薄的筋膜

05 基础发酵 — 室温，45分钟

06 松弛 — 3℃，冷藏60分钟

07 整形 — 花边形

08 最终醒发 — 温度23℃、湿度75%，40分钟

09 烘烤 — 上火180℃、下火170℃，12分钟

10 装饰 — 蛋液、糖粉、糖渍柠檬片、熟榛子

小贴士

- 柠檬卡仕达酱里面的土豆淀粉可以替换成玉米淀粉。
- 面团出缸温度以22~24℃为宜，如果面温升高，搅拌结束后可以将面团冷藏发酵。
- 巧克力占度亚做法：榛子入烤箱低温烤香，巧克力隔热水熔化。细砂糖、水入锅加热至焦糖化，糖浆温度为117℃，放入榛子拌匀，出锅晾凉后放入搅拌机中搅打至顺滑，加入熔化的巧克力拌匀即可。

柠檬卡仕达酱

配方

全脂牛奶	78 克
淡奶油	78 克
细砂糖	39 克
土豆淀粉	15 克
蛋黄	39 克
柠檬果蓉	47 克
糖渍柠檬丁	35 克

制作过程

1. 将全脂牛奶、淡奶油、柠檬果蓉放入锅中,加热煮沸。
2. 将蛋黄、细砂糖和土豆淀粉混合,搅拌均匀。
3. 将"步骤 2"加入"步骤 1"中,加热,持续搅拌至浓稠。
4. 将糖渍柠檬丁加入"步骤 3"中,搅拌均匀。
5. 最后将做好的柠檬卡仕达酱装入裱花袋,注入 8 连硅胶模具内,用抹刀将表面抹平,放入速冻柜冷冻备用。

糖渍柠檬片

配方

柠檬	适量
水	150 克
细砂糖	150 克

制作过程

1. 将柠檬切成薄片,去籽。
2. 将水和细砂糖放入锅中,加热煮沸,放入柠檬片浸泡,捞出。
3. 摆放在铺有硅胶垫的烤盘中,放入风炉,以 100℃烘烤 35 分钟,备用。

占度亚糊

配方

淡奶油	80 克
巧克力占度亚	130 克

制作过程

用微波炉加热淡奶油,加入巧克力占度亚,搅拌均匀,装入裱花袋备用。

主面团

配方

		烘焙百分比(%)
T65 面粉	250 克	50
T45 面粉	250 克	50
盐	10 克	2
细砂糖	70 克	14
鲜酵母	25 克	5
全蛋	200 克	40
牛奶	100 克	20
黄油	200 克	40

制作过程

1. 搅拌:将除黄油以外的所有材料放入搅拌缸中,低速搅拌 15 分钟至混合均匀,然后分 2~3 次加入切成小块的黄油,每次加入黄油后需搅打至油脂混合均匀再加入下一次,搅打至面团表面光滑,且能形成较薄的筋膜即可。
2. 基础发酵:取出放入周转箱,密封,放置于室温下,基础发酵 45 分钟。
3. 松弛:取出面团,用开酥机擀压成平整的薄片,放入冰箱,3℃冷藏 60 分钟。
4. 整形:取出面团,用带锯齿边的模具压出长条状面皮,放入锡纸模具中,贴边围绕一圈。将剩余的面皮用圈模压出圆片,放至模具中心,作为底托,将做好的面皮冷藏 5 分钟。
5. 最终醒发:取出在表面刷上一层蛋液,送入醒发箱,以温度 23℃、湿度 75%,醒发 40 分钟。
6. 烘烤:取出冷冻好的柠檬卡仕达酱和醒发好的面团,将柠檬卡仕达酱脱模,填入面团中心,放入烤箱以上火 180℃、下火 170℃,烘烤 12 分钟。
7. 装饰:待面包冷却,在柠檬卡仕达酱上面挤上占度亚糊,面包边上筛适量糖粉,将糖渍柠檬片插在占度亚糊内,中间放 1/2 粒熟榛子作为装饰。

装饰

材料

熟榛子	适量
蛋液	适量
糖粉	适量

千层布里欧修

千层布里欧修融合了起酥面团和布里欧修面团的双重特色，更适宜作为点心食用。

扫一扫，
看高清视频

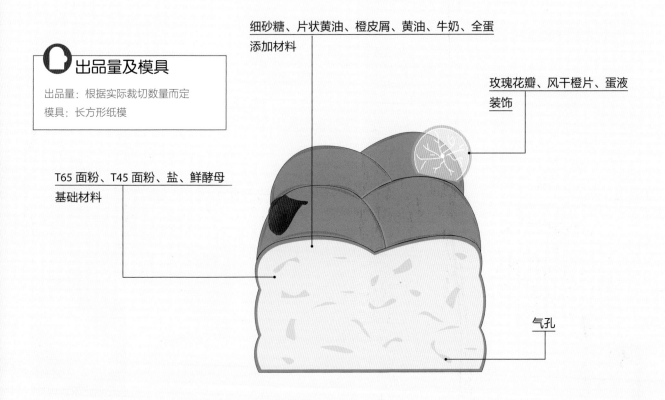

出品量及模具

出品量：根据实际裁切数量而定
模具：长方形纸模

T65 面粉、T45 面粉、盐、鲜酵母
基础材料

细砂糖、片状黄油、橙皮屑、黄油、牛奶、全蛋
添加材料

玫瑰花瓣、风干橙片、蛋液
装饰

气孔

产品制作流程

01 搅拌
拉开面团
能形成较薄的筋膜

02 基础发酵
温度 25℃，湿度 75%，
发酵 45 分钟

03 起酥机压面
一次三折，一次两折，
长方形

04 松弛
3℃，冷藏 30 分钟

05 预整形
长方形

06 分割与整形
三股辫

07 最终醒发
温度 25℃、湿度 75%，
40 分钟

08 烘烤
风炉，160℃，
30 分钟

主面团

配方

	烘焙百分比（%）	
T65 面粉	250 克	50
T45 面粉	250 克	50
盐	10 克	2
细砂糖	70 克	14
鲜酵母	25 克	5
全蛋	200 克	40
牛奶	100 克	20
黄油	200 克	40
橙皮屑	适量	
片状黄油	250 克	

装饰

材料

玫瑰花瓣（表面筛适量糖粉）	少许
风干橙片	适量
蛋液	适量

制作过程

1. 搅拌：将除黄油、橙皮屑、片状黄油外的所有材料放入搅拌缸中，低速搅拌 15 分钟至混合均匀，然后分 2~3 次加入切成小块的黄油，每次加入黄油后需搅打至油脂混合均匀后再加入下一次，搅打至面团表面光滑，能形成较薄的筋膜，加入橙皮屑拌匀即可取出。

2. 基础发酵：将面团放入醒发箱以温度 25℃，湿度 75%，发酵 45 分钟。

3. 包黄油：用擀面棍将面团擀成长方形，包入冷藏的片状黄油，收紧接口，用起酥机压成长方形，折一次三折，一次两折，放入烤盘，盖包面纸，放入冰箱以 3℃冷藏松弛 30 分钟。

4. 分割与整形：用起酥机将面团压成 40 厘米 ×25 厘米的长方形面皮，用刀将面皮切分成若干份 8 厘米 ×22 厘米的长方形条，然后将每个长方形面皮平均切分成 3 根相等宽度的长条，编成三股辫，上下接口内折，放入长方形模具中，摆入烤盘。

4-1　4-2

5. 最终醒发：送入醒发箱，以温度 25℃、湿度 75%，发酵 40 分钟。

6. 烘烤：醒发完毕在面团表面刷一层蛋液，放入风炉，以 160℃烘烤 30 分钟，出炉脱模，冷却。

7. 装饰：在冷却好的面包表面一端放上一片玫瑰花瓣，另一端放上一片风干橙片进行装饰。

♟ 制作难点 ♙

编辫子的时候尽量不要碰到层次面，以免破坏起酥面团的层次。

小贴士

切分起酥面团的时候，尽量用锋利的刀具，以保证层次不受破坏。
如起酥后的面团过软，建议入冰箱冷藏至稍硬后再切分。

扫一扫，
看高清视频

斑马布里欧修

这款面包是在布里欧修的基础上加入了可可粉、巧克力
粒，增加了口感层次。

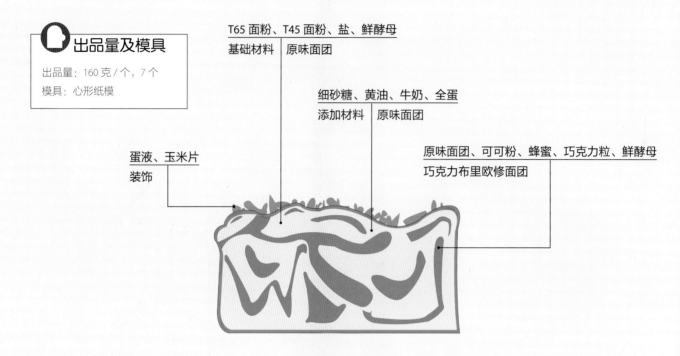

出品量及模具

出品量：160 克 / 个，7 个
模具：心形纸模

T65 面粉、T45 面粉、盐、鲜酵母
基础材料 | 原味面团

细砂糖、黄油、牛奶、全蛋
添加材料 | 原味面团

原味面团、可可粉、蜂蜜、巧克力粒、鲜酵母
巧克力布里欧修面团

蛋液、玉米片
装饰

产品制作流程

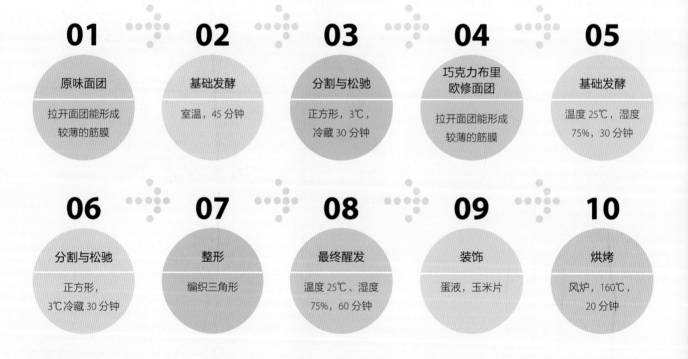

01 原味面团
拉开面团能形成较薄的筋膜

02 基础发酵
室温，45 分钟

03 分割与松弛
正方形，3℃，冷藏 30 分钟

04 巧克力布里欧修面团
拉开面团能形成较薄的筋膜

05 基础发酵
温度 25℃，湿度 75%，30 分钟

06 分割与松弛
正方形，3℃冷藏 30 分钟

07 整形
编织三角形

08 最终醒发
温度 25℃、湿度 75%，60 分钟

09 装饰
蛋液，玉米片

10 烘烤
风炉，160℃，20 分钟

小贴士

● 巧克力粒需使用耐烘烤的。
● 巧克力布里欧修面皮和原味面皮擀开后的厚度要基本一致，编成三角形后切出来的层次才更美观。

原味面团

配方

		烘焙百分比（%）
T65 面粉	250 克	50
T45 面粉	250 克	50
盐	10 克	2
细砂糖	70 克	14
鲜酵母	25 克	5
全蛋	200 克	40
牛奶	100 克	20
黄油	200 克	40

制作过程

1. 搅拌：将除黄油以外的所有材料放入搅拌缸中，低速搅拌 15 分钟至混合均匀，然后分 2~3 次加入切成小块的黄油，每次加入黄油后需搅拌至油脂混合均匀再加入下一次，搅拌至面团表面光滑，且能形成较薄的筋膜即可。
2. 基础发酵：取出面团，放入周转箱，表面盖上包面纸，放置于室温下，发酵 45 分钟。
3. 分割与松弛：用切面刀分割成每个 80 克的小面团，擀压成正方形，摆入烤盘，放入冰箱以 3℃冷藏 30 分钟。

巧克力布里欧修面团

配方

原味面团	500 克
可可粉	15 克
蜂蜜	15 克
巧克力粒	50 克
鲜酵母	8 克

制作过程

1. 搅拌：将所有材料放入搅拌桶中，搅拌至面团表面光滑，能形成较薄的筋膜。
2. 基础发酵：取出面团，放入烤盘，包上包面纸，放入醒发箱，以温度 25℃，湿度 75%，发酵 30 分钟。
3. 分割与松弛：将巧克力布里欧修面团用切面刀分割成每个 80 克的小面团，擀压成正方形，放入烤盘，放入冰箱以 3℃冷藏 30 分钟。

整形与装饰

材料

蛋液	适量
玉米片	适量

制作过程

1. 整形：取出原味面团和巧克力布里欧修面团，用擀面棍将原味面团擀成 18 厘米 ×18 厘米的正方形面皮，将巧克力布里欧修面团擀成 16 厘米 ×16 厘米的正方形面皮。在原味面片表面刷全蛋液，盖上巧克力布里欧修面皮，粘好。
2. 将面皮从一端卷至另一端，呈圆柱形，再用刀对半切开，形成两个半圆柱。取 3 根切半的面团，切面（花纹）朝上，3 根长条分别互相压着相邻的长条，两两交叉，编织成三角形，放入心形纸模中。
3. 最终醒发：在面团表面均匀刷一层蛋液，放入醒发箱，以温度 25℃、湿度 75%，发酵 60 分钟。
4. 装饰：醒发完成后取出面团，在表面刷上一层蛋液，撒上玉米片。
5. 烘烤：放入风炉，以 160℃烘烤 20 分钟。

咕咕洛夫

咕咕洛夫面包是以布里欧修面团为基础，加入葡萄干，使用专用模具制作而成的糕点，烘烤后表面筛糖粉装饰以增加口味，其内部紧致结实，可作为点心食用。

扫一扫，
看高清视频

出品量及模具

出品量：40 克 / 个，22 个
模具：咕咕洛夫连模

制作难点

葡萄干需提前用温水或朗姆酒泡软，沥干水分备用。加入面团中后搅拌均匀即可，无须过度搅拌。

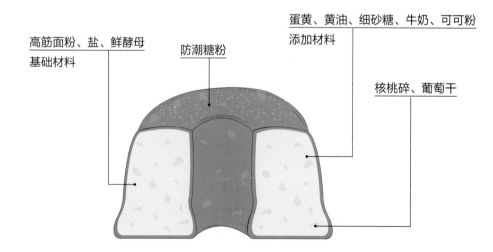

高筋面粉、盐、鲜酵母
基础材料

防潮糖粉

蛋黄、黄油、细砂糖、牛奶、可可粉
添加材料

核桃碎、葡萄干

产品制作流程

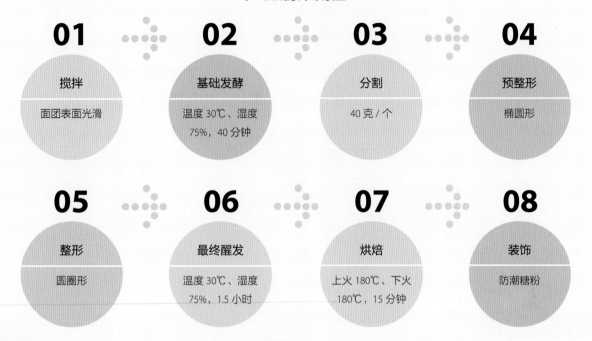

01 搅拌 — 面团表面光滑

02 基础发酵 — 温度 30℃、湿度 75%，40 分钟

03 分割 — 40 克 / 个

04 预整形 — 椭圆形

05 整形 — 圆圈形

06 最终醒发 — 温度 30℃、湿度 75%，1.5 小时

07 烘焙 — 上火 180℃、下火 180℃，15 分钟

08 装饰 — 防潮糖粉

小贴士

制作此款面包可以使用小的连模，也可以使用大的模具，如直径为 15 厘米的咕咕洛夫专用模具。

主面团

配方

		烘焙百分比（%）
高筋面粉	300 克	100
黄油	150 克	50
牛奶	125 克	42
细砂糖	120 克	40
蛋黄	80 克	26
鲜酵母	15 克	5
盐	3 克	1
葡萄干	50 克	16
核桃碎	50 克	16
可可粉	15 克	5

装饰

材料

防潮糖粉	适量

制作过程

1. 搅拌：将黄油、细砂糖放入搅拌桶里，用扇形搅拌器高速搅拌，打发至发白呈膏状后，加入蛋黄，用中高速搅拌均匀。再加入牛奶、鲜酵母、盐、高筋面粉，用中速搅拌均匀至面团表面光滑且不粘连缸壁，加入核桃碎、葡萄干搅拌均匀。

2. 基础发酵：取出面团，放在高盆里，包上保鲜膜，放入醒发箱，以温度 30℃、湿度 75%，发酵 40 分钟。

3. 分割：将面团分割成每个 40 克的小面团。

4. 预整形：用手压扁成椭圆形。

5. 整形：将可可粉过筛在压扁的面团上，斜向将面团卷起来，放在咕咕洛夫连模里，两端相连。

6. 最终醒发：放入醒发箱，以温度 30℃、湿度 75%，发酵 1.5 小时。

7. 烘烤：入烤箱以上火 180℃、下火 180℃，烘烤 15 分钟后，取出冷却，倒扣，在表面筛防潮糖粉作为装饰。

传统法棍

法棍（Baguette）原意长条形的宝石，是法国面包的代表，也是法国的传统面包。法国政府有专门的"面包法令"用于规范法棍这种国民级美食的原材料、制作工艺、外形、重量等，甚至售价等方面都有着严格的规定。法棍配方简单，只用面粉、水、盐、酵母四种材料制作，优质的法棍割纹规整，表皮酥脆，内部柔软却不失韧性，孔洞软大，均匀。

扫一扫，
看高清视频

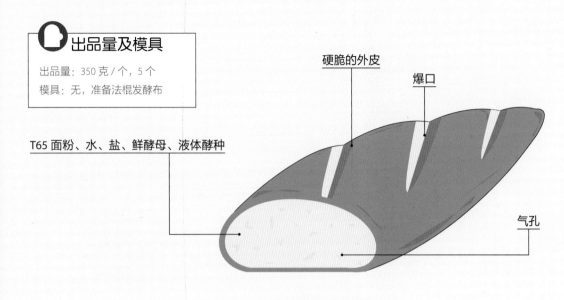

出品量及模具

出品量：350 克 / 个，5 个
模具：无，准备法棍发酵布

T65 面粉、水、盐、鲜酵母、液体酵种

硬脆的外皮

爆口

气孔

制作难点

- 法棍面团搅拌完成的温度以 22~24℃ 为宜，如搅拌完成后面温升高，可将面团放入速冻柜急速降温，避免面团后期发酵过度。
- 环境温度低的情况下水解的时间需要适当延长一些，反之应缩短水解的时间。
- 割刀口，采用从面包的一侧向另一侧划的方法，每条划痕的长度要统一且是平行的，第二道割纹从第一道割纹长度的 2/3 处起刀。

产品制作流程

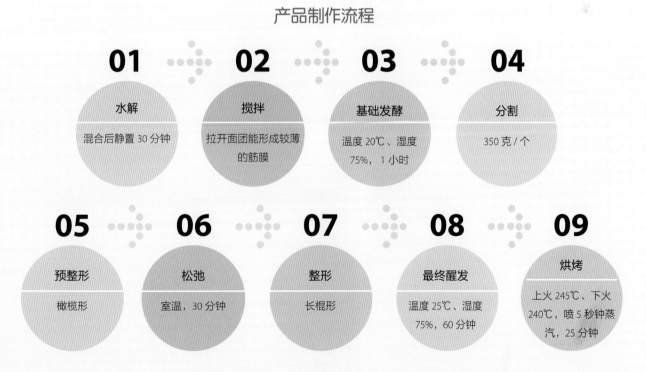

01 水解 — 混合后静置 30 分钟

02 搅拌 — 拉开面团能形成较薄的筋膜

03 基础发酵 — 温度 20℃、湿度 75%，1 小时

04 分割 — 350 克 / 个

05 预整形 — 橄榄形

06 松弛 — 室温，30 分钟

07 整形 — 长棍形

08 最终醒发 — 温度 25℃、湿度 75%，60 分钟

09 烘烤 — 上火 245℃、下火 240℃，喷 5 秒钟蒸汽，25 分钟

主面团

配方

	烘焙百分比（%）
T65 面粉 ……………… 1000 克	100
水 …………………………… 630 克	63
盐 …………………………… 20 克	2
鲜酵母 …………………… 10 克	1
液体酵种（见 P20）…… 200 克	20

制作过程

1. 水解：将 T65 面粉和水放入搅拌缸中，慢速搅拌至混合均匀，停止搅拌，缸内静置 30 分钟。

2. 搅拌：加入盐，用 1 档搅拌均匀后，加入鲜酵母和液体酵种，继续用 1 档搅拌约 10 分钟，观察面团的状态，调整转速至 2 档，搅拌至面团不粘缸壁、表面细腻光滑。继续将面团搅拌至面筋有延伸性，拉开面团能形成较薄的筋膜。

3. 基础发酵：取出面团，放入周转箱，用盖子密封，放入醒发箱，以温度 20℃、湿度 75%，发酵 1 小时。

4. 分割：将面团分割成每个约 350 克的面团。

5. 预整形：用手将面团压扁，从远离身体的一端折叠面团，逐次将面团折叠成橄榄形，放在铺有发酵布的烤盘上，将面团与面团间的发酵布折起作为分界。

6. 松弛：预整形结束后，室温松弛 30 分钟左右。

7. 整形：取一块面团，光滑面朝下，用手拍成长方形排气，从远离身体的长端向身体方向折起 1/3，用手掌根部轻拍收紧，再重复一次动作，掌跟拍紧收口，成为长条形，用双手将长条搓成 50~55 厘米的长度，将整形好的长条接口朝上放置在撒手粉的发酵布上，将面团之间的发酵布折起作为间隔。

8. 最终醒发：将烤盘放入醒发箱，以温度 25℃、湿度 75%，发酵 60 分钟。

9. 烘烤：取出，用刀片在面团表面斜向依次割 4 个刀口，入烤箱以上火 245℃、下火 240℃，喷 5 秒钟蒸汽，烘烤 25 分钟。

小贴士

- 水解：将水和面粉混合静置一段时间，可以帮助面团快速形成面筋，也可降低面团筋度，方便后期整形。
- 法棍面团也可以用直接法搅拌，将 10℃的水和面粉加入搅拌缸低速搅拌均匀，待面团温度上升到 15℃以上，加入酵母搅拌至面团可拉出薄膜，再加入盐，搅拌至完全扩展状态。
- 配方里的水可以适当预留，用于后期调节面团软硬度。

延伸类产品：

可以在配方外额外加入适量粉类，如 25 克咖喱粉，制作成咖喱法棍，或在烘烤前用剪刀将发酵好的长条表面剪成麦穗状。

芝麻法棍

芝麻法棍在传统法棍面团的基础上添加了芝麻，增添口感层次的同时，增加了面包的香气。

扫一扫，
看高清视频

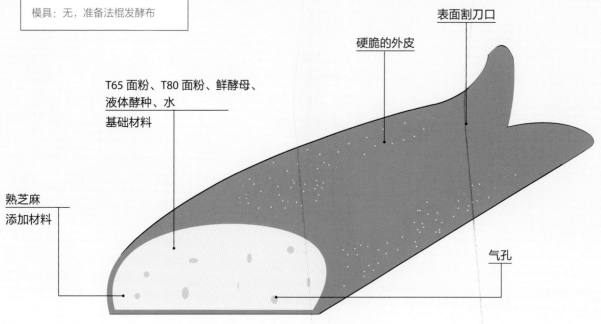

表面割刀口

硬脆的外皮

T65 面粉、T80 面粉、鲜酵母、
液体酵种、水
基础材料

熟芝麻
添加材料

气孔

产品制作流程

01
搅拌
拉开面团
能形成较薄的筋膜

02
基础发酵
室温，60 分钟

03
分割
350 克 / 个

04
预整形
方形

05
松弛
室温，30 分钟

06
整形
长条形

07
最终醒发
温度 25℃、湿度 75%，
50 分钟

08
烘烤
上火 245℃、下火
240℃，喷 5 秒钟
蒸汽，25 分钟

主面团

配方

		烘焙百分比（%）
T65 面粉	850 克	85
T80 面粉	150 克	15
盐	22 克	2.2
鲜酵母	10 克	1
液体酵种（见 P20）	150 克	15
水	690 克	69
熟芝麻	80 克	8

制作过程

1. 搅拌：将除熟芝麻外的所有材料放入搅拌缸中，加640克水，慢速搅拌4分钟，然后中速搅拌5分钟，边搅拌边分次加入 50 克水，最后加入熟芝麻，搅拌至面团表面光滑，拉开能形成较薄的筋膜。

2. 基础发酵：将面团折叠成光滑的大方块，放入周转箱，放置室温，发酵 60 分钟。

3. 分割：将面团分割成每个约 350 克的面团。

4. 预整形：将面团折叠成方形，光滑面朝上，放在撒了手粉的发酵布上。

5. 松弛：面团表面盖包面纸，置于室温下，松弛约 30 分钟。

6. 整形：松弛完毕，取一块面团，光滑面朝下，用手拍成长方形排气，力度适中，从远离身体长的一端向身体方向折起 1/3，用手掌根部轻拍收紧，再重复一次动作，掌跟拍紧收口，成为两头稍尖的长条，用双手将长条搓成 50~55 厘米长。将整形好的长条接口朝上，放置在撒手粉的发酵布上，折起面团间的发酵布作为间隔。

7. 最终醒发：放入醒发箱，以温度 25℃、湿度 75%，发酵 50 分钟。

8. 烘烤：取出面团，用切面刀在正面两端切开5厘米切口，然后用刀片在中间划成 S 形刀口，入烤箱以上火 245℃、下火 240℃，喷 5 秒钟蒸汽，烘烤 25 分钟。

🍴 **制作难点** 🥄

割刀口，不可过深也不可过浅。

小贴士

- 配方里的水可以预留一部分，用于后期调节面团软硬度。
- 需要在搅拌完成的最后阶段加入芝麻或其他谷物添加物等，加入后低速搅拌均匀即可，不要提早加入或过度搅拌，避免破坏面筋。

乡村面包（花形）

乡村面包是用小麦面粉和黑麦面粉混合制成的，基本不添加油脂和糖分，成品有酸味，面包心有韧性。储存时间较长，是主食类面包。

扫一扫，
看高清视频

出品量及模具

出品量：600 克 / 个，3 个
模具：无，准备发酵布

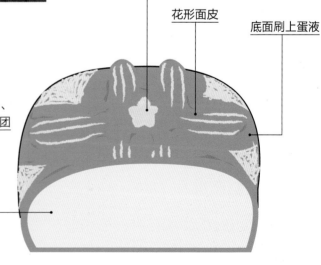

T80 面粉

花形面皮

底面刷上蛋液

T55 面粉、T130 黑麦面粉、
水、盐、鲜酵母、中种面团

制作难点

基础发酵的时间应长些。

产品制作流程

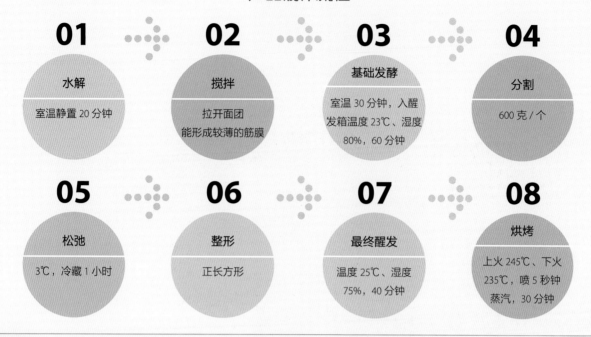

01 水解
室温静置 20 分钟

02 搅拌
拉开面团
能形成较薄的筋膜

03 基础发酵
室温 30 分钟，入醒
发箱温度 23℃、湿度
80%，60 分钟

04 分割
600 克 / 个

05 松弛
3℃，冷藏 1 小时

06 整形
正长方形

07 最终醒发
温度 25℃、湿度
75%，40 分钟

08 烘烤
上火 245℃、下火
235℃，喷 5 秒钟
蒸汽，30 分钟

小贴士

● 乡村面包是传统的手工面包，整形方式多样，辫子状、麦穗状、袋状均是其衍生产品。

● 谷物可以是全麦、黑麦、无麸皮黑麦面粉等，这些谷物可以提升面包的口感。

主面团

配方

		烘焙百分比（%）
T55 面粉	850 克	85
T130 黑麦面粉	150 克	15
水	670 克	67
盐	20 克	2
鲜酵母	10 克	1
中种面团（P19）	250 克	25
蛋液	少许	

装饰

材料

T80 面粉	适量

制作过程

1. 水解：将T55面粉、T130黑麦面粉、水倒入搅拌缸中，慢速搅拌至混合均匀，室温下，静置20分钟。

2. 搅拌：将盐、鲜酵母、中种面团放入搅拌缸中，慢速搅拌均匀后转快速搅拌至面团表面光滑，拉开能形成较薄的筋膜。

3. 基础发酵：取出面团，放入周转箱，翻折至表面光滑，密封，室温下发酵 30 分钟，再放入醒发箱，以温度 23℃、湿度 80%，发酵 60 分钟。

4. 分割：将面团分割成每个 600 克的面团。

5. 松弛：用手将面团整形成长方形，放在发酵布上，表面盖起，放入冰箱以 3℃ 冷藏 1 小时。将剩余的面团擀至厚薄均匀，边缘修饰整齐，放在烤盘上，放入速冻柜冷冻 15 分钟后取出，表面放上花形模板纸，用刻刀刻出花形，放入冰箱冷藏备用。

6. 整形：取出面团，上下对折成正方形。

7. 最终醒发：将面团放在发酵布上，放入醒发箱，以温度 25℃、湿度 75%，醒发 40 分钟。

8. 烘烤：取出面团，在花形面皮底面刷上适量蛋液，扣在主面团表面，筛少许 T80 面粉，入烤箱以上火 245℃、下火 235℃，喷 5 秒钟蒸汽，烘烤 30 分钟。

乡村面包
（三角形）

扫一扫，
看高清视频

出品量及模具

出品量：600克/个，3个

模具：无，准备发酵布

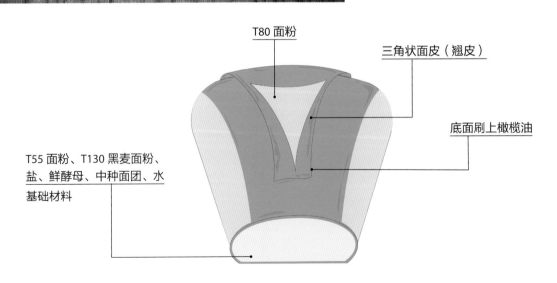

T80 面粉

三角状面皮（翘皮）

底面刷上橄榄油

T55 面粉、T130 黑麦面粉、
盐、鲜酵母、中种面团、水
基础材料

产品制作流程

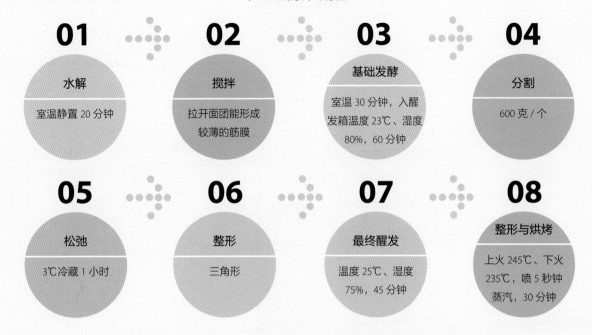

01 水解
室温静置 20 分钟

02 搅拌
拉开面团能形成较薄的筋膜

03 基础发酵
室温 30 分钟，入醒发箱温度 23℃、湿度 80%，60 分钟

04 分割
600 克 / 个

05 松弛
3℃冷藏 1 小时

06 整形
三角形

07 最终醒发
温度 25℃、湿度 75%，45 分钟

08 整形与烘烤
上火 245℃、下火 235℃，喷 5 秒钟蒸汽，30 分钟

主面团

配方

		烘焙百分比（%）
T55 面粉	850 克	85
T130 黑麦面粉	150 克	15
水	670 克	67
盐	20 克	2
鲜酵母	10 克	1
中种面团（见 P19）	250 克	25
橄榄油	少许	

装饰

材料

T80 面粉	适量

制作过程

1. 水解：将 T55 面粉、T130 黑麦面粉、水倒入搅拌缸中，慢速搅拌至混合均匀，室温，静置 20 分钟。
2. 搅拌：将盐、鲜酵母、中种面团放入搅拌缸中，慢速搅拌均匀后转快速搅拌至面团表面光滑，拉开能形成较薄的筋膜。
3. 基础发酵：取出面团，放入周转箱，翻折至表面光滑，密封，室温下发酵 30 分钟，再放入醒发箱，以温度 23℃、湿度 80%，发酵 60 分钟。
4. 分割：将面团分割成每个 600 克的面团。
5. 松弛：用手将面团整形成长方形，放在发酵布上，放入冰箱以 3℃冷藏 1 小时。将剩余的面团放在硅胶垫上擀至厚薄均匀，边缘修饰整齐，放在烤盘上，入速冻柜冷冻 15 分钟后取出，表面放上三角形模板纸，用刻刀刻出三角形，放入冰箱冷藏。
6. 整形：取出面团，边折边收，整形成三角形。
7. 最终醒发：将面团放在发酵布上，放入醒发箱，以温度 25℃、湿度 75%，醒发 45 分钟。
8. 烘烤：取出三角形镂空面皮，在面皮的底部刷上橄榄油，扣在主面团表面，筛少许 T80 面粉，入烤箱以上火 245℃、下火 235℃，喷 5 秒钟蒸汽，烘烤 30 分钟。

乡村面包
（口袋形）

出品量及模具

出品量：600 克 / 个，3 个
模具：无，准备发酵布

用网格模板
筛上 T80 面粉

边缘刷上蛋液

硬脆外皮

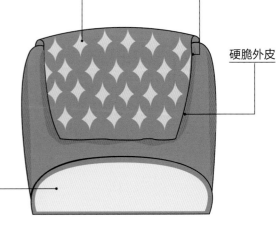

T55 面粉、T130 黑麦面粉、
鲜酵母、水、盐、中种面团
基础材料

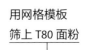

制作难点

此款面包整形时应压扁一些，避
免后期烘烤造成膨胀过高，影响
整体效果。

产品制作流程

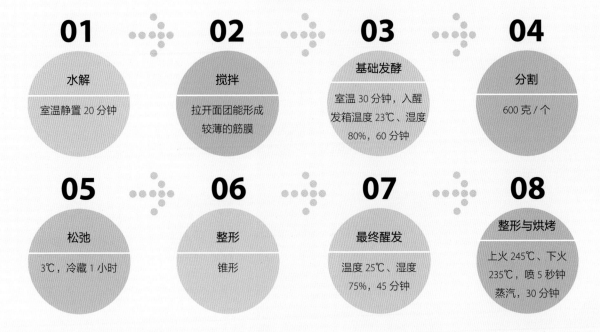

01 水解
室温静置 20 分钟

02 搅拌
拉开面团能形成较薄的筋膜

03 基础发酵
室温 30 分钟，入醒发箱温度 23℃、湿度 80%，60 分钟

04 分割
600 克 / 个

05 松弛
3℃，冷藏 1 小时

06 整形
锥形

07 最终醒发
温度 25℃、湿度 75%，45 分钟

08 整形与烘烤
上火 245℃、下火 235℃，喷 5 秒钟蒸汽，30 分钟

主面团

配方

		烘焙百分比（%）
T55 面粉	850 克	85
T130 黑麦面粉	150 克	15
水	670 克	67
盐	20 克	2
鲜酵母	10 克	1
中种面团（见 P19）	250 克	25
蛋液	少许	

装饰

材料

T80 面粉	50 克

制作过程

1. 水解：将T55面粉、T130黑麦面粉、水倒入搅拌缸中，慢速搅拌至混合均匀，室温下静置20分钟。
2. 搅拌：将盐、鲜酵母、中种面团放入搅拌缸中，慢速搅拌均匀后转快速搅拌至面团表面光滑，拉开能形成较薄的筋膜。
3. 基础发酵：取出面团，放入周转箱，翻折至表面光滑，密封，室温下发酵 30 分钟，再放入醒发箱，以温度 23℃、湿度 80%，发酵 60 分钟。
4. 分割：将面团分割成每个 600 克的面团。
5. 松弛：用手将面团整形成长方形，放在发酵布上，放入冰箱以 3℃冷藏 1 小时。
6. 整形：取出面团，折成锥形，将锥形面团 1/2 的部分用擀面棍压至扁平，将未擀压的 1/2 部分用擀面棍竖着压出凹槽，在擀压成扁平的那部分边缘刷上蛋液，盖在未擀压的面团上。
7. 最终醒发：将面团倒扣在发酵布上，放入醒发箱，以温度 25℃、湿度 75%，醒发 45 分钟。
8. 烘烤：取出面团，翻面，薄面向上，表面放上网格模板，筛上 T80 面粉，入烤箱以上火 245℃、下火 235℃，喷 5 秒钟蒸汽，烘烤 30 分钟。

圣瓦伦丁面包

圣瓦伦丁面包基于乡村面包的材料与工艺，用小麦面粉和黑麦面粉混合制成，蜂蜜的加入丰富了面包的风味，造型特别。圣瓦伦丁节是西方的情人节，面包上的"爱神丘比特"和"心形"图案表达了爱与浪漫。

扫一扫，
看高清视频

出品量及模具

出品量：300克/个，6个

T65 面粉
装饰

T65 面粉、黑麦面粉、盐、鲜酵母、水
基础材料

蜂蜜、中种面团、茴香粉
添加材料

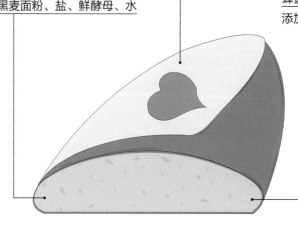

制作难点

整形时，面包两端的形状需一致，互相对称。

产品制作流程

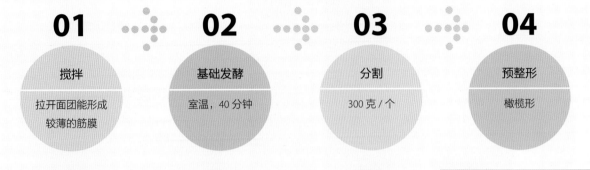

01 搅拌
拉开面团能形成较薄的筋膜

02 基础发酵
室温，40 分钟

03 分割
300 克 / 个

04 预整形
橄榄形

05 整形
长条形

06 最终醒发
温度 25℃、湿度 80%，45 分钟

07 烘烤
上火 230℃、下火 230℃，20 分钟

> **小贴士**
>
> 面包整形成橄榄状后，粘贴擀薄的面皮时需要将面包稍压扁些，避免烘烤时过度膨胀，且需粘牢，避免烘烤后翘起。

主面团

配方

		烘焙百分比（%）
T65 面粉	850 克	85
黑麦面粉	150 克	15
盐	20 克	2
鲜酵母	15 克	1.5
中种面团（见 P19）	250 克	25
水	620 克	62
蜂蜜	60 克	6
茴香粉	3 克	0.3
橄榄油	少许	

装饰

材料

T65 面粉	50 克

制作过程

1. 搅拌：将除橄榄油外的所有材料放入搅拌缸中，慢速搅拌均匀后转快速搅拌至面团表面光滑，能形成较薄的筋膜。

2. 基础发酵：取出面团，放入周转箱中，密封，室温下静置 40 分钟。

3. 分割：将面团分割成每个 300 克的面团。

4. 预整形：用手将面团边折边压，整形成橄榄形。

5. 整形：取出面团，用擀面棍从橄榄形面团的两端对称斜角的位置下压擀成薄面皮，在边缘处挤上橄榄油，折叠覆盖到面团中间，呈对称状态，将整形好的面团倒置放在发酵布上。

6. 最终醒发：放入醒发箱，以温度 25℃、湿度 80%，发酵 45 分钟。

7. 装饰与烘烤：取出面团，将面团翻面，将心形和丘比特模板分别放在面团两边，表面筛 T65 面粉，取下模板，入烤箱以上火 230℃、下火 230℃，烘烤 20 分钟。

榛子软面包

榛子软面包是法式乡村面包的一种,大量榛子的加入赋予了面包浓郁的坚果香气。

扫一扫,
看高清视频

🔲 出品量及模具

出品量:300 克 / 个,7 个
模具:无,准备法棍发酵布

🍴 制作难点 🥄

面团整形时,在薄片上切分三角时尽量一刀切断,保持完整性,后期烘烤会相对美观。

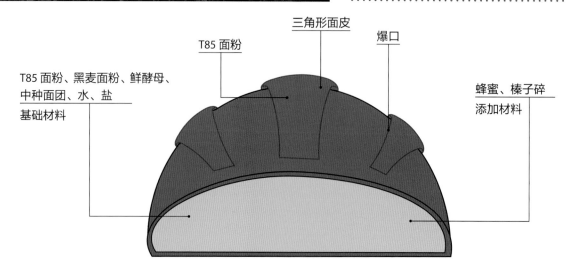

T85 面粉、黑麦面粉、鲜酵母、
中种面团、水、盐
基础材料

T85 面粉

三角形面皮

爆口

蜂蜜、榛子碎
添加材料

产品制作流程

01
搅拌
拉开面团能形成较薄的筋膜

02
基础发酵
温度 25℃、湿度 75%、30 分钟

03
分割
300 克 / 个

04
松弛
室温，30 分钟

05
整形
圆形（表面三角贴皮造型）

06
最终醒发
温度 25℃、湿度 75%、30 分钟

07
烘烤
上火 230℃、下火 230℃，喷 10 秒钟蒸汽，20 分钟

小贴士

需在搅拌的后期加入榛子，与面团搅拌均匀即可，不要过度搅拌，以免破坏面筋。

主面团

配方

		烘焙百分比（%）
T85 面粉	800 克	80
黑麦面粉	200 克	20
盐	18 克	1.8
鲜酵母	12 克	1.2
中种面团（见 P19）	200 克	20
水	700 克	70
蜂蜜	40 克	4
榛子碎	300 克	30

装饰

材料

橄榄油	少许
T85 面粉	适量

制作过程

1. 搅拌：将除了榛子碎以外的所有材料加入搅拌缸中，慢速搅拌 6 分钟，然后中速搅拌至面团表面光滑，能形成较薄的筋膜，加入榛子，慢速搅拌均匀即可。

2. 基础发酵：取出面团，放入周转箱，密封，放入醒发箱，以温度 25℃、湿度 75%，发酵 30 分钟。

3. 分割：取出面团，分割成每个 300 克的面团，揉圆，放入烤盘，表面盖上发酵布。

4. 松弛：室温松弛 30 分钟。

5. 整形：用手将面团排气后再滚圆，用擀面棍将面团的 1/2 部分压扁擀平，用刀将压扁的面皮切成 4 个三角形，表面抹上橄榄油，贴在另外一半的面团表面，摆放在发酵布上，将发酵布折起作为面包的间隔。

6. 最终醒发：放入醒发箱，以温度 25℃、湿度 75%，发酵 30 分钟。

7. 烘烤：取出面团，在表面筛适量 T85 面粉，入烤箱以上火 230℃、下火 230℃，喷 10 秒钟蒸汽，烤 20 分钟。

小面包串

小面包串是一系列法式小面团的衍生产品，造型各异，装饰以黑白芝麻，富含芝麻的香气。

扫一扫，
看高清视频

出品量及模具

出品量：40 克 / 个，23 个
模具：无，准备发酵布

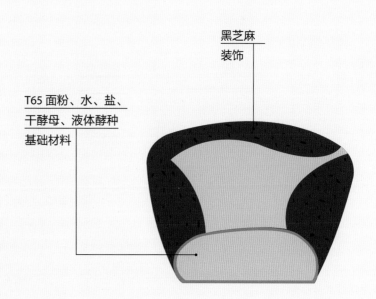

黑芝麻
装饰

T65 面粉、水、盐、
干酵母、液体酵种
基础材料

制作难点

四种面包的整形手法有一
定的操作难度，每种都有
特别之处。

产品制作流程

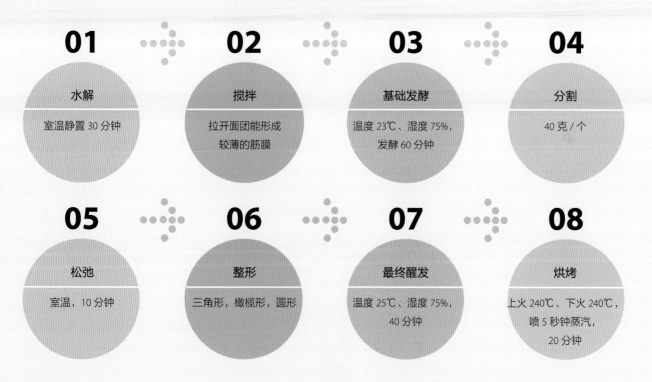

01
水解
室温静置 30 分钟

02
搅拌
拉开面团能形成
较薄的筋膜

03
基础发酵
温度 23℃、湿度 75%，
发酵 60 分钟

04
分割
40 克 / 个

05
松弛
室温，10 分钟

06
整形
三角形，橄榄形，圆形

07
最终醒发
温度 25℃、湿度 75%，
40 分钟

08
烘烤
上火 240℃、下火 240℃，
喷 5 秒钟蒸汽，
20 分钟

小贴士

表面装饰黑芝麻和白芝麻的面包，表面刷水时需刷均匀，才能保证芝麻能平铺均匀。

组合与装饰

配方

		烘焙百分比（%）
T65 面粉	500 克	100
水	315 克	63
盐	10 克	2
干酵母	5 克	1
液体酵种（见 P20）	100 克	20

装饰

材料

白芝麻	适量
黑芝麻	适量
橄榄油	适量

制作过程

1. 水解：将 T65 面粉和水放入搅拌缸中，慢速搅拌 3 分钟至混合均匀，停止搅拌，室温静置 30 分钟。

2. 搅拌：加入剩余材料，慢速搅拌 2 分钟，让材料和水解的面团混合均匀，然后中速搅拌至面团表面光滑，能形成较薄的筋膜。

3. 基础发酵：取出面团，放入周转箱，入醒发箱，以温度 23℃、湿度 75%，发酵 60 分钟。

4. 分割：取出面团，用切面刀分割成每个 40 克的小面团，滚圆，摆放在发酵布上（发酵布需事先撒粉防粘）。

5. 松弛：室温下，静置 10 分钟松弛。

6. 整形：造型一，排气滚圆，用擀面棍将面团压出三个边，擀成薄面皮，将擀薄的三个边向中心折叠，使面团呈三角形，表面刷少许水，沾上黑芝麻，放在发酵布上。造型二，排气滚圆，用擀面棍将面团的一边下压，擀成薄面皮，边缘抹上橄榄油，再将薄面皮盖到另外一边的面团表面，倒扣在发酵布上。造型三，排气滚圆，用擀面棍在面团中心部位下压，压出一个凹槽，用毛刷在表面刷上水，撒上白芝麻，放在发酵布上。造型四，排气，将面团整形成橄榄形，用擀面棍在面团的 1/3 处下压擀成薄面皮，面皮边缘抹上橄榄油，然后将薄面皮拉长，盖在面团另外一端的 2/3 处表面，倒扣在发酵布上。

7. 最终醒发：将整形好的面团放入醒发箱，以温度 25℃、湿度 75%，发酵 40 分钟。

8. 烘烤：入烤箱以上火 240℃、下火 240℃，喷 5 秒钟蒸汽，烘烤 20 分钟。

扫一扫,
看高清视频

小旋风

小旋风是基于起酥面团的一款丹麦面包,将起酥面团切成小块,依托模具而形成旋涡状,口感酥松,造型别致。

虎斑纹面包

虎斑纹面包是欧式黑啤面包，表面呈现自然龟裂的纹路及粉质感，面包中加入了黑啤和黑麦面粉，营养风味兼具。

扫一扫，
看高清视频

扫一扫，
看高清视频

小旋风

小旋风是基于起酥面团的一款丹麦面包，将起酥面团切成小块，依托模具而形成旋涡状，口感酥松，造型别致。

T65 面粉、T55 面粉、盐、鲜酵母、水
基础材料

混合细砂糖、肉桂粉
装饰

淡奶油、细砂糖、黄油、片状黄油
添加材料

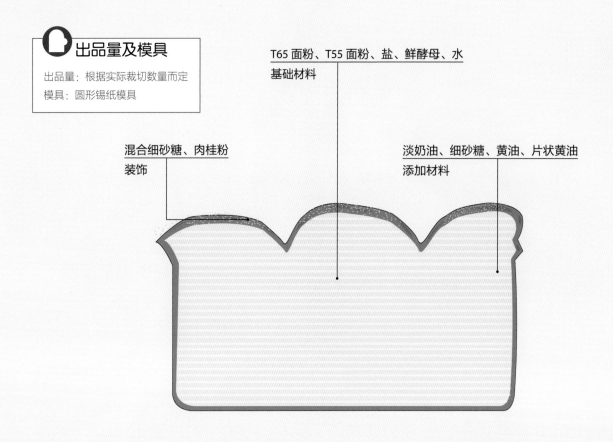

产品制作流程

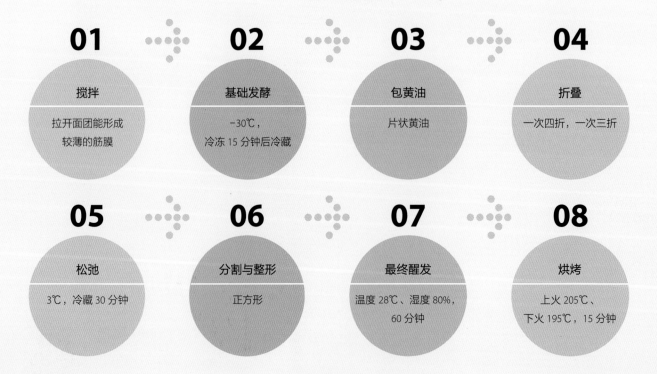

01

搅拌

拉开面团能形成
较薄的筋膜

02

基础发酵

−30℃，
冷冻 15 分钟后冷藏

03

包黄油

片状黄油

04

折叠

一次四折，一次三折

05

松弛

3℃，冷藏 30 分钟

06

分割与整形

正方形

07

最终醒发

温度 28℃、湿度 80%，
60 分钟

08

烘烤

上火 205℃、
下火 195℃，15 分钟

主面团

配方

		烘焙百分比（%）
T65 面粉	250 克	50
T55 面粉	250 克	50
盐	10 克	0.2
细砂糖	60 克	12
鲜酵母	25 克	5
淡奶油	50 克	10
黄油	40 克	8
水	200 克	40
片状黄油	250 克	

装饰

材料

混合细砂糖	适量
肉桂粉	适量

制作过程

1. 搅拌：将除片状黄油以外的所有材料放入搅拌缸中，慢速搅拌至材料混合均匀，转中速搅拌至面团表面光滑，能形成较薄的筋膜。

2. 基础发酵：室温松弛 10 分钟左右，将面团整形成圆形，用擀面棍擀成厚约 1 厘米的圆形，放入烤盘，入速冻柜冷冻 15 分钟后转冷藏备用。

3. 包黄油：取出面团，将冷藏的片状黄油擀成正方形，放在面团中心，将面团从黄油边往中心对折，四个边折完以后，面团成正方形。

4. 折叠：将包好的面团放在起酥机上，压成长方形，再进行一次四折，一次三折。

5. 松弛：将面团放入烤盘，包上包面纸，放入冰箱，以 3℃ 冷藏松弛 30 分钟。

6. 分割与整形：取出面团，用起酥机将面团压成 4 毫米厚，用刀切成若干份 2 厘米 ×2 厘米的正方形面皮。将正方形面皮依次以旋涡状叠放在锡纸模具中。

7. 最终醒发：放入醒发箱，以温度 28℃、湿度 80%，发酵 60 分钟。

8. 烘烤：取出面团，在表面撒上混合细砂糖、肉桂粉，入烤箱以上火 205℃、下火 195℃，烘烤 15 分钟。

🍴 制作难点 🥄

- 丹麦面团冷藏温度不要过高，要低于 5℃，0℃ 最佳。
- 用起酥机压面的时候，面团的温度、片状黄油的温度及两者的软硬度应一致。

小贴士

- 可衍生产品：面团切割成小方块后，叠放在小的吐司模具中，做成吐司，烘烤时间需要适当延长。
- 丹麦面包的发酵温度不要过高，避免黄油熔化造成烘烤后的面包呈现油腻的状态。
- 烘烤丹麦的时候，中间不要开炉门，否则面包会坍塌缩腰。

虎斑纹面包

虎斑纹面包是欧式黑啤面包，表面呈现自然龟裂的纹路及粉质感，面包中加入了黑啤和黑麦面粉，营养风味兼具。

扫一扫，
看高清视频

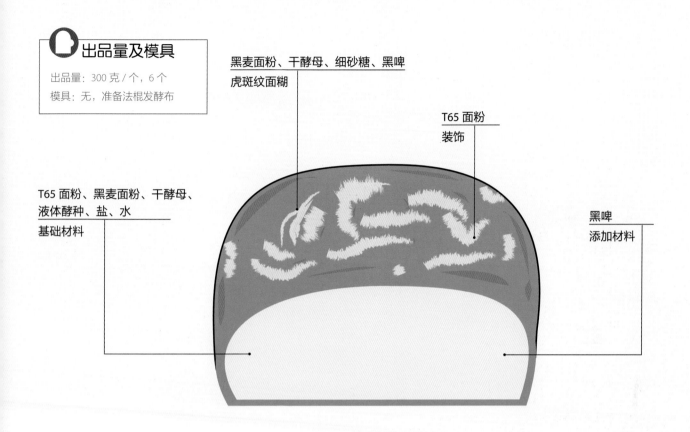

黑麦面粉、干酵母、细砂糖、黑啤
虎斑纹面糊

T65 面粉
装饰

T65 面粉、黑麦面粉、干酵母、
液体酵种、盐、水
基础材料

黑啤
添加材料

产品制作流程

01
虎斑纹面糊
10 分钟

02
搅拌
拉开面团
能形成较薄的筋膜

03
基础发酵
温度 25℃、湿度
75%，50 分钟

04
分割
300 克 / 个

05
预整形
圆形

06
中间醒发
温度 25℃、湿度
75%，40 分钟

07
整形
正方形

08
装饰
虎斑纹面糊

09
最终醒发
温度 25℃、湿度
75%，40 分钟

10
烘烤
上火 245℃、下火
240℃，喷 10 秒钟
蒸汽，18 分钟

虎斑纹面糊

配方

黑麦面粉	100 克
干酵母	5 克
细砂糖	10 克
黑啤	150 克

制作过程

1. 将干酵母和细砂糖加入到黑啤中，搅拌均匀至糖化。
2. 加入黑麦面粉，用打蛋器搅拌均匀，包上保鲜膜，备用。

主面团

配方

		烘焙百分比（%）
T65 面粉	850 克	85
黑麦面粉	150 克	15
盐	20 克	2
干酵母	7 克	0.7
液体酵种（见 P20）	200 克	20
黑啤	310 克	31
水	360 克	36

制作过程

1. 搅拌：将所有材料放入搅拌缸中，加 310 克水，先慢速搅拌 5 分钟，然后中速搅拌，边搅拌边分次加入 50 克水，搅拌至面团表面光滑，拉开能形成较薄的筋膜。
2. 基础发酵：取出面团，放入周转箱密封，放入醒发箱，以温度 25℃、湿度 75%，发酵 50 分钟。
3. 分割：将面团分割成每个 300 克的面团。
4. 预整形：用手将面团整形成圆形，放在发酵布上，表面再盖一层发酵布。
5. 中间醒发：放入醒发箱，以温度 25℃、湿度 75%，发酵 40 分钟。
6. 整形：取出面团，用手轻拍排气，再整形成圆形，然后用擀面棍在面团四周压出四个边并擀平，将擀平的四个边往中心折叠，收紧接口成正方形，接口朝下放在发酵布上。
7. 装饰：将虎斑纹面糊均匀刷在面团表面，筛上 T65 面粉。
8. 最终醒发：放入醒发箱，以温度 25℃、湿度 75%，醒发 40 分钟。
9. 烘烤：入烤箱以上火 245℃、下火 240℃，喷 10 秒钟蒸汽，烘烤 18 分钟。

装饰

材料

T65 面粉	适量

制作难点

整形时，擀压圆形面团四个边的时候需注意大小均匀一致。在虎斑纹面糊上筛 T65 面粉时要筛满表面且厚度均匀。

小贴士

黑啤颜色较深，成名于德国的慕尼黑，麦芽味重，营养丰富，不建议替换为其他啤酒。

谷物面包

谷物面包是一种掺杂了多种谷物的面包，口感均衡，充满谷物的香气，营养丰富。

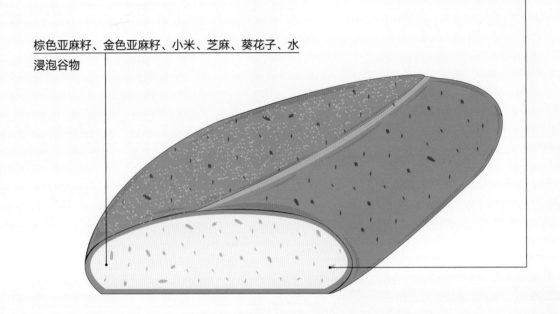

出品量及模具

出品量：300 克 / 个，6 个
模具：无，准备法棍发酵布

棕色亚麻籽、金色亚麻籽、小米、芝麻、葵花子、水
浸泡谷物

T65 面粉、液体酵种、盐、水、干酵母

产品制作流程

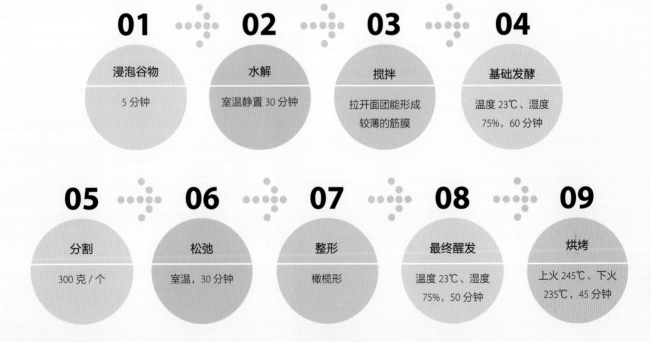

01　浸泡谷物　5 分钟

02　水解　室温静置 30 分钟

03　搅拌　拉开面团能形成较薄的筋膜

04　基础发酵　温度 23℃、湿度 75%，60 分钟

05　分割　300 克 / 个

06　松弛　室温，30 分钟

07　整形　橄榄形

08　最终醒发　温度 23℃、湿度 75%，50 分钟

09　烘烤　上火 245℃、下火 235℃，45 分钟

浸泡谷物

配方

炒熟的谷物（棕色亚麻籽、金色亚麻籽、
小米、葵花子、芝麻）············ 660 克
水 ·································· 660 克

制作过程

将水和炒熟的谷物混合均匀，用保鲜膜密封包裹，放置冷藏待用。

主面团

配方

		烘焙百分比（%）
T65 面粉 ················	1000 克	100
水（水温 56℃）········	735 克	73.5
盐 ····················	18 克	1.8
干酵母 ················	8 克	0.8
液体酵种（见 P20）····	100 克	10

制作过程

1. 水解：将 T65 面粉和水放入搅拌缸中，慢速搅拌 3 分钟混合均匀，停止搅拌，静置 30 分钟。

2. 搅拌：加入盐、干酵母、液体酵种慢速搅拌 2 分钟，让材料和水解的面团混合均匀，然后放入泡好的谷物（只取谷物，滤掉泡谷物的水），搅拌至面团表面光滑，能形成较薄的筋膜即可。

3. 基础发酵：取出面团，放入周转箱密封，放入醒发箱，以温度 23℃、湿度 75%，发酵 60 分钟。

4. 分割：醒发完成后分割成每个 300 克的面团。

5. 松弛：将面团用手整成圆形，放在发酵布上，表面再盖上一层发酵布，室温，松弛 30 分钟。

6. 整形：取出面团，用手轻拍按压排气，由上向下折，整形成橄榄形。

7. 最终醒发：将整形好的面团放置在发酵布上，将发酵布折起作为间隔，放入醒发箱，以温度 23℃、湿度 75%，醒发 50 分钟。

8. 烘烤：取出，在面团表面用刀划出一道切口，入烤箱以上火 245℃、下火 235℃，烘烤 45 分钟。

╈ 制作难点 ╈

在搅拌的后期加入谷物，过早加入会影响面筋的形成。

小贴士

谷物需提前炒香、浸泡、沥干水分才可使用。

133

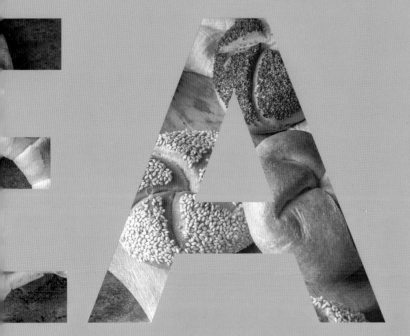

德式面包

德国结

德国结（Brezel）也称碱水包或纽结饼，Brezel 在德语中是"手腕"之意。德国结经碱水浸泡过后再烘烤，故表面呈现明媚光亮的棕色，造型独特，口感较硬，组织紧实，是德国面包的标志。它既可作为日常早餐主食，也是德国啤酒的好搭档。

扫一扫，
看高清视频

制作难点

- 整形出的长条中间的部位需比较圆润饱满。
- 整形后的面团一定要冷藏到有一定的硬度方可取出过碱水，也可冷冻冻硬，稍微解冻后再过碱水。面团冷却过，更容易吸收碱水，也不容易变形。
- 面包过碱水的时间不要过长，浸润至稍微上色即可取出。

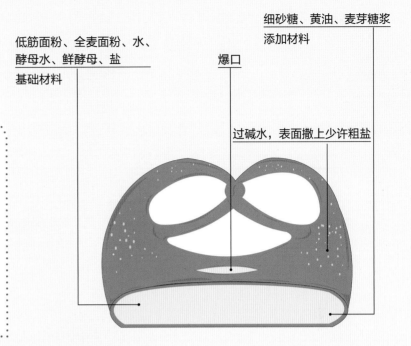

细砂糖、黄油、麦芽糖浆
添加材料

低筋面粉、全麦面粉、水、酵母水、鲜酵母、盐
基础材料

爆口

过碱水，表面撒上少许粗盐

产品制作流程

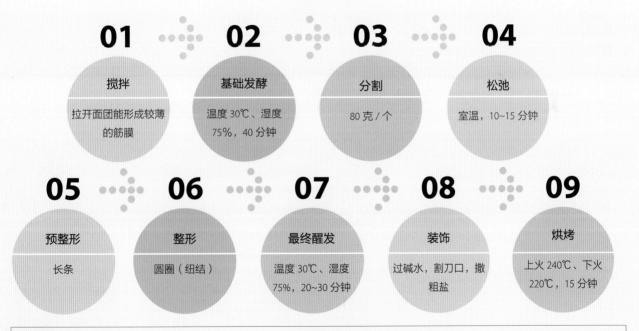

01 搅拌 — 拉开面团能形成较薄的筋膜

02 基础发酵 — 温度 30℃、湿度 75%，40 分钟

03 分割 — 80 克/个

04 松弛 — 室温，10~15 分钟

05 预整形 — 长条

06 整形 — 圆圈（纽结）

07 最终醒发 — 温度 30℃、湿度 75%，20~30 分钟

08 装饰 — 过碱水，割刀口，撒粗盐

09 烘烤 — 上火 240℃、下火 220℃，15 分钟

小贴士

- 用于装饰的烘烤过的粗盐，可以直接用海盐（粗粒）替代，如盐之花。
- 碱水具有腐蚀性，过碱水时需要佩戴塑胶手套，避免腐蚀双手。过了碱水的面包最好放置在垫有高温布或油纸的烤盘上，否则烤盘会因碱水的腐蚀而留有面包的印记。
- 麦芽糖浆可用黑啤蜂蜜替代，做法如下：黑啤 100 克煮沸，边搅拌边加 30 克蜂蜜，搅拌均匀。

碱水

配方

烘焙碱	20 克
水	500 克

制作过程

将烘焙碱和水放入锅中加热备用。

酵母水

配方

水	175 克
黑麦面粉	25 克
高筋面粉	50 克
鲜酵母	1 克

制作过程

将所有材料搅拌混合均匀，包好保鲜膜，常温静置 6 小时备用（夏天静置 6 小时后放冰箱冷藏）。

主面团

配方

		烘焙百分比（%）
低筋面粉	709 克	94.9
全麦面粉	38 克	5.1
水	311 克	41.6
酵母水	112.5 克	15
盐	11.5 克	1.5
细砂糖	11.5 克	1.5
黄油	11.5 克	1.5
鲜酵母	10 克	1.3
麦芽糖浆	3.7 克	0.4

装饰

材料

粗盐（烘烤过）	少许

制作过程

1. 搅拌：把所有材料放入搅拌缸中，先慢速搅拌至材料混合均匀，转中速搅拌至面团表面光滑，能形成较薄的筋膜。

2. 基础发酵：取出面团，放入周转箱，送入醒发箱，以温度 30℃、湿度 75%，发酵 40 分钟。

3. 分割：将面团分割成每个 80 克的小面团，揉圆，放在烤盘里，上面压一个烤盘。

4. 松弛：室温，静置 10~15 分钟。

5. 预整形：将面团压扁，擀成椭圆形（椭圆形的长边一边厚一边薄），从椭圆形长边厚的一边，边折边压，整形成长条状（长度为 27 厘米），放在烤盘里。

6. 整形：将面团搓成两头细中间较粗的长条，将两端交叉起来，交叉到一起的位置拧一下，将细的两端向粗的两端靠拢，并将其粘到面团上，放在发酵布上。

7. 最终醒发: 将面团放入醒发箱，以温度 30℃、湿度 75%，发酵 20~30 分钟。

8. 装饰：取出面团，放入冰箱冷藏，使面团变硬，将面团放入碱水里浸泡一下，稍上色，放在铺有高温布的烤盘上，用刀在顶端最粗处割一条刀口，表面撒少许粗盐装饰。

9. 烘烤：入烤箱以上火 240℃、下火 220℃，烘烤 15 分钟。

德国小结

德国小结属于德国碱水包，是德国结的衍生产品，在烘烤前需要放入碱水中浸泡。成品呈红棕色，口感紧实，有嚼劲，表面的粗盐为面包增加了风味。

扫一扫，
看高清视频

出品量及模具

出品量：80 克 / 个，15 个

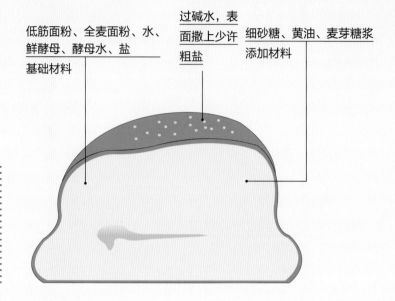

低筋面粉、全麦面粉、水、鲜酵母、酵母水、盐
基础材料

过碱水，表面撒上少许粗盐

细砂糖、黄油、麦芽糖浆
添加材料

🍴 制作难点 🍴

- 搅打完成的面团温度以 26~29℃ 为佳，不要超过 30℃。
- 整形后的面团一定要冷藏到有一定的硬度才可取出过碱水。

产品制作流程

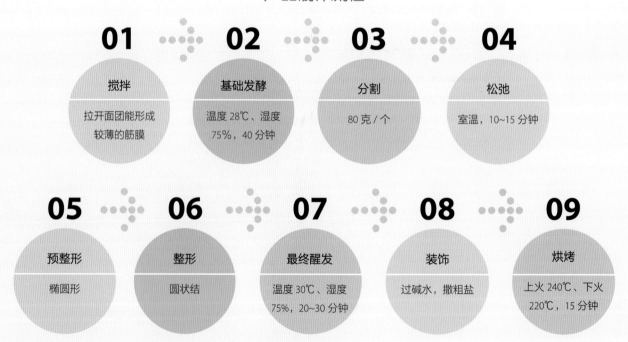

01 搅拌
拉开面团能形成较薄的筋膜

02 基础发酵
温度 28℃、湿度 75%，40 分钟

03 分割
80 克 / 个

04 松弛
室温，10~15 分钟

05 预整形
椭圆形

06 整形
圆状结

07 最终醒发
温度 30℃、湿度 75%，20~30 分钟

08 装饰
过碱水，撒粗盐

09 烘烤
上火 240℃、下火 220℃，15 分钟

小贴士

面包过碱水的时间不要太长，面包浸润至稍微上色即可取出，面团冷却过更容易吸收碱水，也不容易变形。

碱水

配方

烘焙碱	20 克
水	500 克

制作过程

将烘焙碱和水放入锅中加热备用。

酵母水

配方

水	175 克
黑麦面粉	25 克
高筋面粉	50 克
鲜酵母	1 克

制作过程

将所有材料搅拌混合均匀，包好保鲜膜，常温静置 6 小时备用（夏天静置 6 小时后放冰箱冷藏）。

主面团

配方

		烘焙百分比（%）
低筋面粉	709 克	94.9
全麦面粉	38 克	5.1
水	311 克	41.6
酵母水	112.5 克	15
盐	11.5 克	1.5
细砂糖	11.5 克	1.5
黄油	11.5 克	1.5
鲜酵母	10 克	1.3
麦芽糖浆	3.7 克	0.4

制作过程

1. 搅拌：把所有材料放入搅拌缸中，先慢速搅拌至全部材料混合均匀，转高速搅拌至面团表面光滑，能形成较薄的筋膜。
2. 基础发酵：取出面团，放入周转箱，送入醒发箱，以温度 28℃、湿度 75%，发酵 40 分钟。
3. 分割：将面团分割成每个 80 克的小面团，揉圆，放在烤盘里，上面压一个烤盘。
4. 松弛：放在室温下，松弛 10~15 分钟。
5. 预整形：将面团压扁，擀成椭圆形（椭圆形的长边一边厚一边薄），从椭圆形长边厚的一边，边折边压，整形成长条状（长度为 27 厘米），放在烤盘里。
6. 整形：将面团搓长（中间粗两端细），将长条对折，以粗的一端为中心缠绕成一个结，将细的一端塞进中心处，放在发酵布上。
7. 最终醒发：将面团放入醒发箱，以温度 30℃、湿度 75%，发酵 20~30 分钟。
8. 装饰：取出面团，放入冰箱冷藏，使面团变硬，将面团放入碱水里浸泡一下，稍上色，放在铺有高温布的烤盘内，在表面撒上少许粗盐装饰。
9. 烘烤：入烤箱以上火 240℃、下火 220℃，烘烤 15 分钟。

装饰

材料

粗盐（烘烤过）	少量

扫一扫,
看高清视频

德国辫子

此款产品属于德国碱水包，是德国结的衍
生产品。

出品量及模具

出品量：160 克 / 个，7 个

过碱水，撒上芝士丝
装饰

细砂糖、黄油、麦芽糖浆
添加材料

低筋面粉、全麦面粉、水、
酵母水、鲜酵母、盐
基础材料

制作难点

搅打完成的面团温度以
26~29℃ 为佳，不要超过
30℃。

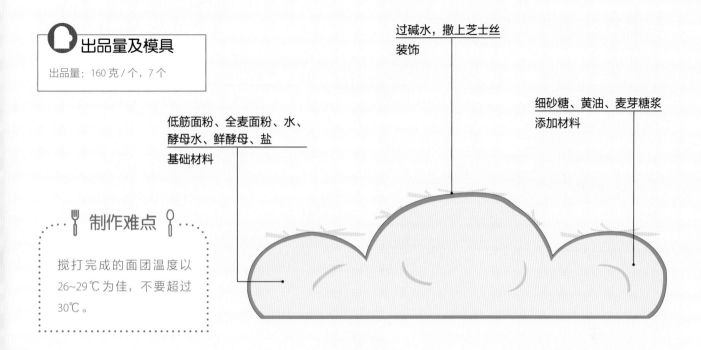

产品制作流程

01
搅拌
拉开面团能形成较
薄的筋膜

02
基础发酵
温度 30℃、湿度 75%，
40 分钟

03
分割
80 克 / 个

04
松弛
室温，10~15 分钟

05
整形
四股辫子

06
最终醒发
温度 30℃、湿度 75%，
30 分钟

07
装饰
过碱水，撒芝士丝

08
烘烤
上火 240℃、下火
220℃，15 分钟

碱水

配方

烘焙碱	20 克
水	500 克

制作过程

将烘焙碱和水放入锅中加热备用。

酵母水

配方

水	175 克
黑麦面粉	25 克
高筋面粉	50 克
鲜酵母	1 克

制作过程

将所有材料搅拌混合均匀，包好保鲜膜，常温静置 6 小时备用（夏天静置 6 小时后放冰箱冷藏）。

主面团

配方

		烘焙百分比（%）
低筋面粉	709 克	94.9
全麦面粉	38 克	5.1
水	311 克	41.6
酵母水	112.5 克	15
盐	11.5 克	1.5
细砂糖	11.5 克	1.5
黄油	11.5 克	1.5
鲜酵母	10 克	1.3
麦芽糖浆	3.7 克	0.4

制作过程

1. 搅拌：把所有材料放入搅拌缸中，慢速搅拌至材料混合均匀后，转高速搅至面团表面光滑，能形成较薄的筋膜。
2. 基础发酵：取出面团，放入周转箱，用盖子密封，放入醒发箱，以温度 30℃、湿度 75%，发酵 40 分钟。
3. 分割：将面团分割成每个 80 克的小面团，揉圆，放在烤盘里，上面叠压一个烤盘。
4. 松弛：室温，静置 10~15 分钟。
5. 整形：将面团压扁，擀成长椭圆形，从椭圆形的长边，边折边压，整形成长条状（长度为 27 厘米），放在烤盘里。取两根长条，十字交叉摆放，然后两两相叠，编成四股辫子状，放在发酵布上。
6. 最终醒发：将面团放入醒发箱，以温度 30℃、湿度 75%，发酵 30 分钟。取出，放入冰箱冷藏至面团变硬。
7. 装饰：取出辫子面团，将面团放入碱水里浸泡一下，稍上色，取出摆放在铺有高温布的烤盘上，表面撒适量芝士丝。
8. 烘烤：送入烤箱，以上火 240℃、下火 220℃，烘烤 15 分钟。

装饰

材料

芝士丝	适量

黑麦面包

黑麦面包起源于德国，款式多样，在北欧和东欧非常常见，是以黑麦面粉和酵种为主要材料制成的大面包。面包内部无较大的蜂窝状，因此口感紧致结实、筋道，且富有酸性、焦香味，富含更多的膳食纤维。黑麦面包有着非常厚实的硬质外皮，表面有均匀的裂纹，表面以筛粉作为装饰。

出品量及模具

出品量：600 克 / 个，约 4 个

模具：圆形发酵篮

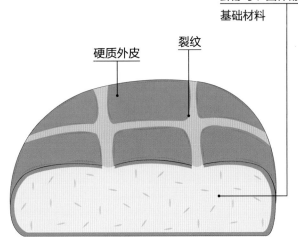

T85 黑麦面粉、T65 面粉、水、鲜酵母、固体酵种、盐
基础材料

硬质外皮　　裂纹

● 整形时，使用发酵布会使面团不粘桌面，利于操作。
● 在整个面团的整形、入炉等操作中，要轻拿轻放，因为此款面包主要由黑麦面粉制作而成，面团很难形成面筋网络。

产品制作流程

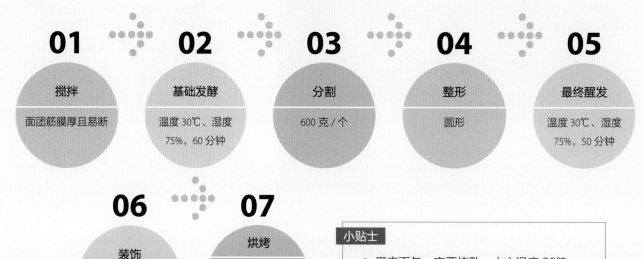

01 搅拌
面团筋膜厚且易断

02 基础发酵
温度 30℃、湿度 75%，60 分钟

03 分割
600 克 / 个

04 整形
圆形

05 最终醒发
温度 30℃、湿度 75%，50 分钟

06 装饰
划"井"字花纹

07 烘烤
上火 230℃、下火 190℃、喷 10 秒钟蒸汽，30 分钟

小贴士
● 黑麦面包一定要烤熟，中心温度 98℃。
● 这款面包隔天食用口感更好。

主面团

配方

		烘焙百分比（%）
T85 黑麦面粉	500 克	50
T65 面粉	500 克	50
鲜酵母	5 克	0.5
盐	20 克	2
固体酵种（见 P21）	550 克	55
水	720 克	72

装饰

材料

T85 黑麦面粉	适量

制作过程

1. 搅拌：将所有材料放入打面缸中，用低速搅拌 8 分钟至混合均匀，换中速搅打至形成面团，筋膜较厚且易断。

2. 基础发酵：取出面团，放入周转箱，入醒发箱，以温度 30℃、湿度 75%，发酵 60 分钟。

3. 分割：将面团分割成每个 600 克的面团。

4. 整形：将面团用手揉圆，发酵篮里筛少许 T85 面粉（配方外），将面团倒扣进发酵篮里，收口压一压。

5. 最终醒发：放入醒发箱，以温度 30℃、湿度 75%，发酵 50 分钟，基本满模。

6. 烘烤：将面团从发酵篮里轻轻扣在高温布上，用小刀在面团表面划出"井"字花纹，筛上 T85 黑麦面粉，入烤箱以上火 230℃、下火 190℃、喷 10 秒钟蒸汽，烘烤 30 分钟，烤至棕红色。

也可将面团整形成圈形。

布赫腾

布赫腾起源于捷克的波西米亚地区，在奥地利、匈牙利也很普遍，每个地区的名字会有些许差异，主要作为点心食用，正餐亦可。

扫一扫，
看高清视频

出品量及模具

出品量：120 克 / 个，9 个
模具：吐司模

制作难点

整形成椭圆形的面团放入吐司模的时候，间距需均匀，无须卷得过紧，收口收好朝下放置。

高筋面粉、鲜酵母、盐
基础材料

牛奶、全蛋、奶粉、
蜂蜜、细砂糖、黄油、
香草荚、西梅干
添加材料

黄油（熔化）、防潮糖粉
装饰

西梅干

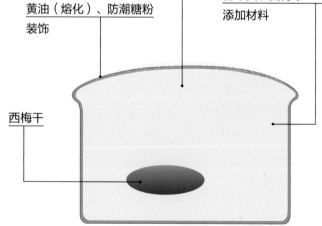

产品制作流程

01 搅拌
面团光滑不粘手

02 基础发酵
温度 30℃、湿度 75%，40~45 分钟

03 分割
30 克 / 个

04 整形
椭圆形

05 最终醒发
温度 30℃、湿度 75%，60 分钟

06 烘烤
上火 190℃、下火 170℃，烘烤 20 分钟

07 装饰
刷黄油，筛防潮糖粉

小贴士

- 奶粉和盐不能放一起，否则质地变硬，不好搅拌均匀。
- 面团温度不超过 25℃ 为宜。

主面团

配方

		烘焙百分比（%）
高筋面粉	520 克	100
奶粉	15 克	2.8
盐	7 克	1.3
鲜酵母	15 克	2.8
全蛋	80 克	15
牛奶	260 克	50
蜂蜜	50 克	9.6
细砂糖	40 克	7.6
黄油	145 克	27
香草荚	适量	

馅料

配方

西梅干 …… 36 粒

装饰

材料

液态黄油 …… 适量
防潮糖粉 …… 适量

制作过程

准备：香草荚用刀划开，取籽备用。

1. 搅拌：把奶粉、高筋面粉、盐、鲜酵母、全蛋、牛奶、蜂蜜、细砂糖、香草籽放在厨师机搅拌桶中，用钩状搅拌器慢速搅拌至材料混合均匀，转中速搅拌 3 分钟至呈面团状。加入黄油，慢速搅拌均匀后转高速搅拌至面团表面光滑不粘手。

2. 基础发酵：取出面团，放在高盆里，用保鲜膜包好，放入醒发箱，以温度 30℃、湿度 75%，发酵 40~45 分钟。

3. 分割：取出面团，将面团分割成每个 30 克的小面团。

4. 整形：将面团放在手掌上，在中心处放上西梅干，将面团整形成椭圆形，收口朝下，每 4 个面团放在一个小吐司模里。

5. 最终醒发：在面团表面用刷子刷上熔化的液态黄油，放入醒发箱，以温度 30℃、湿度 75%，发酵 60 分钟。

6. 烘烤：入烤箱，以上火 190℃、下火 170℃，烘烤 20 分钟，取出，在表面用刷子再刷上液态黄油，待冷却后筛适量防潮糖粉装饰。

波尔纳斯

波尔纳斯是一款全麦德式面包，富含膳食纤维，蜂蜜核桃的加入使面包的风味得以提升。

扫一扫，
看高清视频

出品量及模具

出品量：280 克 / 个，4 个
模具：小吐司模

制作难点

- 面团整形成圆柱形时，先将压扁的面团两端折叠后再自上而下卷起。
- 割刀口时可以割两次，将刀片竖起，刀口长度几乎为整个面包的长度。

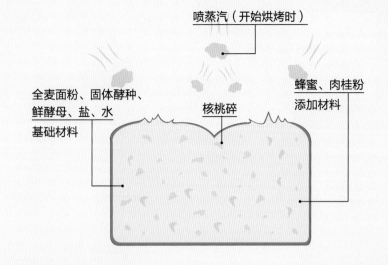

喷蒸汽（开始烘烤时）

全麦面粉、固体酵种、鲜酵母、盐、水 基础材料

核桃碎

蜂蜜、肉桂粉 添加材料

产品制作流程

01 搅拌
面团成团

02 基础发酵
温度 35℃、湿度 75%，40 分钟

03 分割
280 克 / 个

04 整形
圆柱形

05 最终醒发
温度 30℃、湿度 75%，30 分钟

06 装饰
割刀口

07 烘焙
上火 240℃、下火 220℃，喷 5 秒钟蒸汽，20 分钟

小贴士

因为面团含水量相对较高，操作时需适量使用手粉防粘。

主面团

配方

		烘焙百分比（%）
全麦面粉	460 克	100
盐	8 克	1.7
鲜酵母	46 克	10
水	300 克	65
核桃碎	150 克	32
蜂蜜	40 克	8.6
固体酵种（见 P21）	160 克	34.7
肉桂粉	少许	

制作过程

1. 搅拌：将所有材料倒入搅拌桶中，搅拌至面团成团。
2. 基础发酵：将面团放入醒发箱，以温度 35℃、湿度 75%，醒发 40 分钟。
3. 分割：将面团分割成每个 280 克的小面团。
4. 整形：揉圆稍松弛，将面团压扁排气，然后将两侧往中间折叠，整形成圆柱形，放入小吐司模具里，摆入烤盘。
5. 最终醒发：放入醒发箱，以温度 30℃、湿度 75%，醒发 30 分钟。
6. 烘烤：取出，用刀片在面团中间竖向割一条刀口，入烤箱以上火 240℃、下火 220℃，喷 5 秒钟蒸汽，烘烤 20 分钟。

扫一扫，看高清视频

德国面包棒

德国面包棒是一款长条状的硬质面包，
表面呈浅棕色，表皮硬，内部柔软。

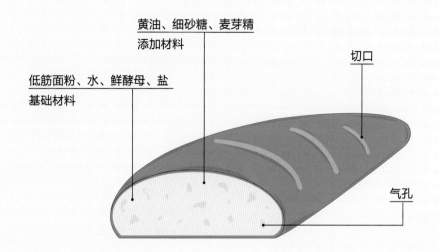

出品量及模具

出品量：250 克 / 个，4 个
模具：长条形发酵篮

制作难点

搅拌后的面团温度为
22~23℃，不超过 25℃。

黄油、细砂糖、麦芽精
添加材料

低筋面粉、水、鲜酵母、盐
基础材料

切口

气孔

产品制作流程

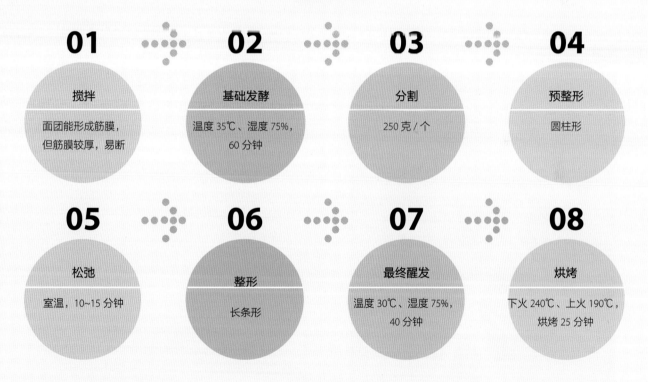

01
搅拌
面团能形成筋膜，
但筋膜较厚，易断

02
基础发酵
温度 35℃、湿度 75%，
60 分钟

03
分割
250 克 / 个

04
预整形
圆柱形

05
松弛
室温，10~15 分钟

06
整形
长条形

07
最终醒发
温度 30℃、湿度 75%，
40 分钟

08
烘烤
下火 240℃、上火 190℃，
烘烤 25 分钟

小贴士

麦芽精是麦芽糖的浓缩提取物，含有麦芽糖和麦芽糊精等成分。它介于淀粉和淀粉糖之间，是营养性多糖，有一定的麦芽香气，甜度较低。麦芽精可以是白色粉末，也可以是浓缩液体。在面包制作中添加麦芽精，主要是为了使面包尽早达到发酵阶段，常用于硬质面包中。

主面团

配方

		烘焙百分比（%）
低筋面粉	700 克	100
水	385 克	55
黄油	50 克	7
细砂糖	28 克	4
盐	14 克	2
麦芽精	6 克	0.8
鲜酵母	12.5 克	1.7

制作过程

1. 搅拌：将所有材料放入搅拌缸中，用慢速先搅拌至材料混合均匀，转高速搅拌至面团能形成筋膜，但筋膜较厚且易断，停止搅拌。

2. 基础发酵：取出面团，放入周转箱中，送入醒发箱中，以温度 35℃、湿度 75%，发酵 60 分钟。

3. 分割：将面团分割成每个 250 克的面团。

4. 预整形：将面团整形成圆柱形，摆放在烤盘里，用包面纸包好。

5. 松弛：室温，静置 10~15 分钟。

6. 整形：将面团用手压平排气，两边往中间折叠，整形成长条形（长度 33 厘米），收口朝上放在事先撒粉的发酵篮里。

7. 最终醒发：将面团放入醒发箱，以温度 30℃、湿度 75%，发酵 40 分钟。

8. 烘烤：取出面团，轻轻倒扣在烤箱布上，用刀片在表面横向划出切口，送入烤箱，用喷壶在烤箱缝隙喷适量水，使其产生蒸汽，以上火 240℃、下火 190℃，烘烤 25 分钟。

可延伸

德国面包棒衍生

划刀口后可在面团表面撒粗盐、葛缕子干籽，即成葛缕子面包棒。

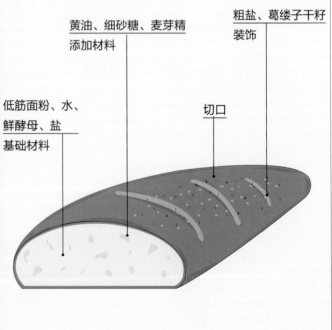

黄油、细砂糖、麦芽精
添加材料

粗盐、葛缕子干籽
装饰

低筋面粉、水、
鲜酵母、盐
基础材料

切口

月牙包

月牙包形状似弯月，面团中加入大量牛奶，奶香味浓郁，口感松软。

扫一扫，
看高清视频

出品量及模具

出品量：60 克 / 个，15 个

🍴 **制作难点** 🥄

卷起椭圆形薄片时，需要边卷起边拉扯面片，力度适中。

黄油、细砂糖、奶粉
添加材料

蛋液
装饰

高筋面粉、牛奶、鲜酵母、盐
基础材料

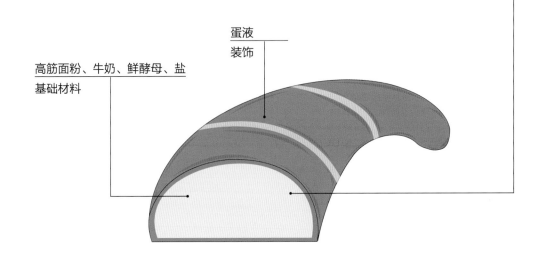

产品制作流程

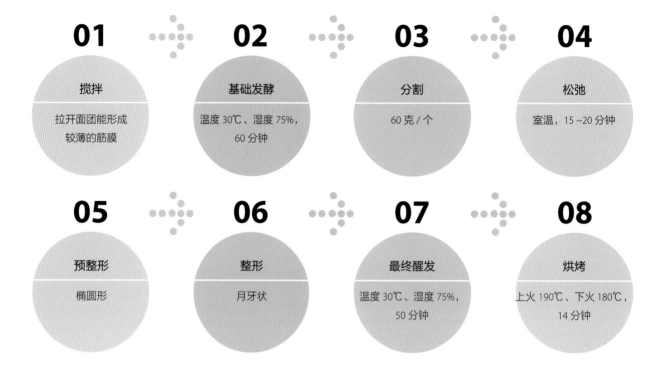

01 搅拌 — 拉开面团能形成较薄的筋膜

02 基础发酵 — 温度 30℃、湿度 75%，60 分钟

03 分割 — 60 克／个

04 松弛 — 室温，15~20 分钟

05 预整形 — 椭圆形

06 整形 — 月牙状

07 最终醒发 — 温度 30℃、湿度 75%，50 分钟

08 烘烤 — 上火 190℃、下火 180℃，14 分钟

小贴士

- 鲜酵母可以用干酵母替代，干酵母的用量为鲜酵母量的一半。
- 成形造型可以随意延伸，搓长条做成花苞状，或直接卷起做成长条形均可。

主面团

配方

		烘焙百分比（%）
高筋面粉	488 克	100
牛奶	310 克	64
黄油	50 克	10
细砂糖	50 克	10
奶粉	25 克	5
鲜酵母	16 克	3
盐	10 克	2

装饰

蛋液	适量

制作过程

1. 搅拌：将所有材料放入搅拌缸中，用慢速搅拌使材料混合均匀，转快速搅打至面团表面光滑，能形成较薄的筋膜。

2. 基础发酵：取出面团，放入周转箱里，送入醒发箱，以温度 30℃、湿度 75%，发酵 60 分钟。

3. 分割：将面团分割成每个 60 克的小面团，揉圆，摆入烤盘，包上包面纸。

4. 松弛：室温下，静置松弛 15~20 分钟。

5. 整形：松弛完毕将面团粘适量手粉，用起酥机或擀面棍将面团擀压成 2.5 毫米厚的长椭圆形的薄片，从上向下卷起，卷的同时将底部面团拉长，卷成细长圆柱形，将圆柱形两端向内弯，呈月牙状，放在烤盘上。

6. 最终醒发：送入醒发箱，以温度 30℃、湿度 75%，发酵 50 分钟。

7. 烘烤：取出，在面团表面用刷子均匀刷上一层蛋液，入烤箱，以上火 190℃、下火 180℃，烘烤 14 分钟。

也可整形成两股辫，表面刷蛋液
后撒粗盐、细砂糖。

粗盐、细砂糖、蛋液
装饰

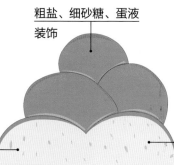

高筋面粉、牛奶、鲜酵母、盐
基础材料

黄油、细砂糖、奶粉
添加材料

凯撒面包

凯撒面包（Kaiser Semmel）流行于奥地利，是德国的一种小型主食面包，风味独特，香气十足。顶部呈现"风车"的形状，属硬质餐包，有时人们也会称其为"纽约餐包"或"维也纳餐包"。凯撒面包内部气泡较小且分布均匀，表皮稍酥脆。

扫一扫，
看高清视频

出品量及模具

出品量：60克/个，10个

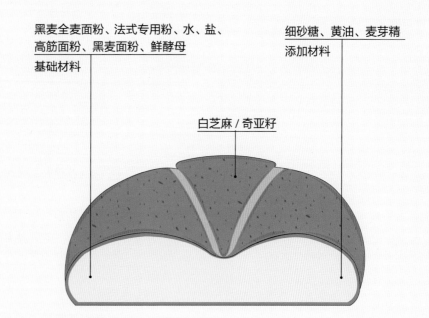

黑麦全麦面粉、法式专用粉、水、盐、高筋面粉、黑麦面粉、鲜酵母
基础材料

细砂糖、黄油、麦芽精
添加材料

白芝麻/奇亚籽

制作难点

面团出缸温度为25℃，不要超过28℃。

产品制作流程

01 搅拌
拉开面团能形成较薄的筋膜

02 基础发酵
温度30℃、湿度75%，60分钟

03 分割
60克/个

04 松弛
室温，15~20分钟

05 整形
圆形（表面风车状）

06 最终醒发
温度30℃、湿度75%，40分钟

07 装饰
白芝麻或奇亚籽

08 烘烤
上火240℃、下火190℃，15分钟

主面团

配方

		烘焙百分比（%）
法式专用粉	180 克	47.4
高筋面粉	120 克	31.6
黑麦面粉	40 克	10.5
黑麦全麦面粉	40 克	10.5
水	208 克	54.7
黄油	10 克	2.6
盐	8 克	2.1
麦芽精	8 克	2.1
鲜酵母	8 克	2.1
细砂糖	5 克	1.3

装饰

材料

白芝麻（烘烤过）	少量
奇亚籽（烘烤过）	少量

制作过程

1. 搅拌：将所有材料放入搅拌缸，用慢速搅拌使材料混合均匀，转快速搅打至面团表面光滑，拉开能形成较薄的筋膜。

2. 基础发酵：取出面团，放入周转箱，盖上盖子密封，送入醒发箱，以温度 30℃、湿度 75%，发酵 60 分钟。

3. 分割：将面团分割成每个 60 克的小面团，滚圆放在烤盘里，表面包好包面纸。

4. 松弛：室温，静置松弛 15~20 分钟。

5. 整形：松弛完毕将面团表面撒上手粉，用起酥机或擀面棍将面团擀压成厚度为 3 毫米的椭圆形薄片，将面团边折叠边用拇指按压，整形成圆形面团（表面风车状），接口朝上放在发酵布上。

6. 最终醒发：放入醒发箱，以温度 30℃、湿度 75%，发酵 40 分钟。

7. 烘烤：取出面团，在面团有折痕的表面刷上适量水，撒上白芝麻或奇亚籽，摆放在烤盘上，静置约 5 分钟，用喷壶在表面喷上水，入烤箱以上火 240℃、下火 190℃，烘烤 15 分钟。

小贴士

- 入炉前在面包表面喷水是为了不让裂口裂得太大。
- 凯撒面包表面的风车形状也可以用专用风车造型压模压制，传统做法是用手整形成风车状。

扫一扫，看高清视频

史多伦

史多伦属于节日面包，是传统德式面包的一种，表面装饰以大量的糖，口感浓郁。德累斯顿被认为是这款传统圣诞面包的发源地。

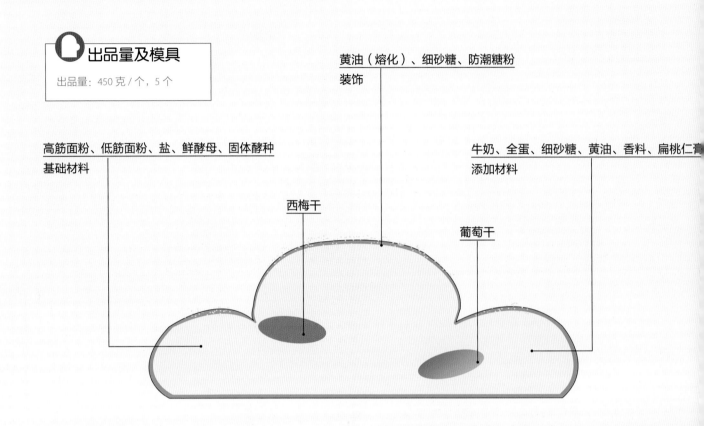

出品量及模具

出品量：450克/个，5个

黄油（熔化）、细砂糖、防潮糖粉
装饰

高筋面粉、低筋面粉、盐、鲜酵母、固体酵种
基础材料

牛奶、全蛋、细砂糖、黄油、香料、扁桃仁膏
添加材料

西梅干

葡萄干

产品制作流程

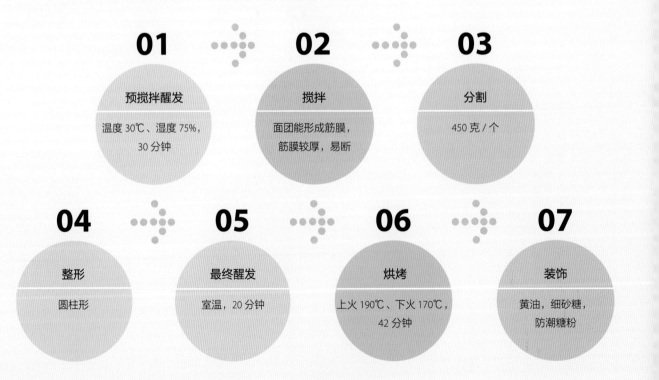

01

预搅拌醒发

温度 30℃、湿度 75%，
30 分钟

02

搅拌

面团能形成筋膜，
筋膜较厚，易断

03

分割

450 克/个

04

整形

圆柱形

05

最终醒发

室温，20 分钟

06

烘烤

上火 190℃、下火 170℃，
42 分钟

07

装饰

黄油，细砂糖，
防潮糖粉

香料

配方

肉桂粉	2 克
肉豆蔻	5 克
小豆蔻	20 克
糖粉	13 克

主面团

配方

		烘焙百分比（%）
高筋面粉	333 克	35.7
细砂糖（1）	20 克	0.1
牛奶	300 克	32
鲜酵母	6 克	0.6
黄油	450 克	48
全蛋	20 克	2
细砂糖（2）	40 克	4
扁桃仁膏	150 克	16
低筋面粉	600 克	64.3
盐	10 克	1
固体酵种（见 P18）	100 克	10
水果干（葡萄干、西梅干）	500 克	53

装饰

材料

黄油	适量
细砂糖	适量
防潮糖粉	适量

制作过程

准备：将香料材料放入盆里搅拌均匀备用。

1. 预搅拌醒发：将高筋面粉、细砂糖（1）、牛奶、鲜酵母放入高盆中搅拌均匀，入醒发箱，以温度 30℃、湿度 75%，发酵 30 分钟。

2. 搅拌：将黄油、细砂糖（2）、扁桃仁膏放入搅拌桶中，用扇形搅拌器慢速搅拌，然后转高速搅拌至发白，加入全蛋，继续快速搅拌均匀。

3. 将步骤 1、2、香料一起放入搅拌缸中，加入低筋面粉、盐、酵种，用慢速搅拌 3 分钟使材料混合均匀，再中速搅拌至面团能形成筋膜，但筋膜较厚且易断，最后加入水果干，继续慢速搅拌均匀即可。

4. 分割：将面团分割成每个 450 克的面团，揉成圆形。

5. 整形：取出面团，用擀面棍擀成长方形（长 37 厘米、宽 17 厘米），从下面往上折叠 1/4 后擀一下，再从上面卷下来，在表面用擀面棍在侧边压一下，形成中间圆柱形两边包围的形状（长 25 厘米），放在烤盘里。

6. 最终醒发：室温下，醒发 20 分钟。

7. 烘烤：醒发完成，用喷壶在表面喷水，入烤箱以上火 190℃、下火 170℃，烘烤 42 分钟。

8. 装饰：将装饰用黄油熔化成液态，在烤好的面包表面刷上液态黄油，放置在铺满细砂糖的烤盘上，用切面刀将细砂糖均匀地粘在面包上，最后在表面筛一层防潮糖粉。

🍴 制作难点 🥄

此款面包的前期搅拌工序相对复杂，整形手法依循传统方式。

小贴士

- 此款面包可以出炉就吃，可以品尝到新鲜的口感，也可以晾几天再吃，食用前将变硬的面包切薄片，蘸酒或咖啡食用。

- 水果干可替换成蔓越莓干或其他蜜饯，不过使用前需浸泡白兰地、朗姆酒。杏仁膏也可以用烫过、去皮、切碎的杏仁替代，不过杏仁膏是史多伦最传统和常用的原材料，不建议用其他替代。

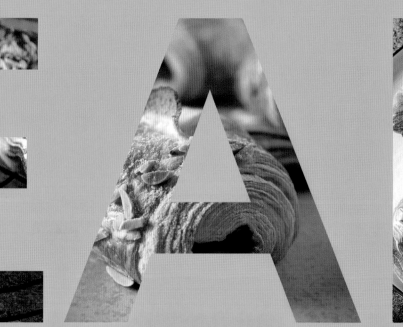

其他欧式面包

奥弗涅圆面包

奥弗涅圆面包属于黑麦面包。黑麦面包起源于德国，款式多样，在北欧和东欧非常常见，是以黑麦面粉为主要材料制成的大面包。面包内部无较大的蜂窝状孔，因此口感紧致结实、筋道，且富有酸性、香味，富含更多的膳食纤维，有着非常厚实的硬质外皮，且表面有裂纹，最后筛粉装饰。

出品量及模具

出品量：1250 克／个，2 个
模具：圆形发酵篮（外口直径
26 厘米，深 8 厘米）

制作难点

在整个面团的整形、入炉等操作中，要轻拿轻放，因为此款面包主要由黑麦面粉制作而成，面团很难形成面筋网络。

T170 黑麦面粉、固体酵种、鲜酵母、水、盐
基础材料

T170 黑麦面粉   爆口

气孔

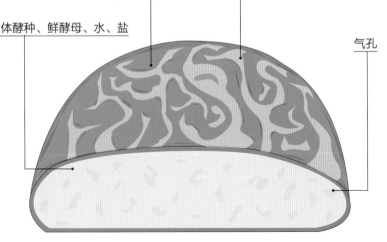

产品制作流程

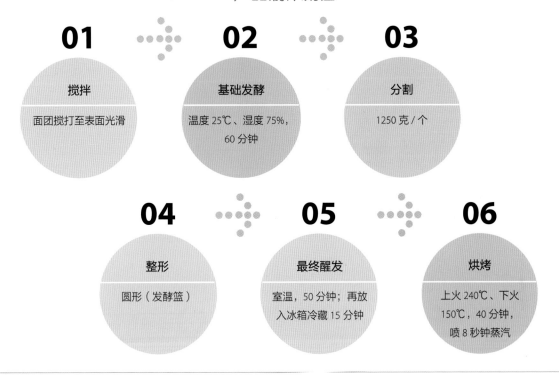

01 搅拌 — 面团搅打至表面光滑

02 基础发酵 — 温度 25℃、湿度 75%，60 分钟

03 分割 — 1250 克 / 个

04 整形 — 圆形（发酵篮）

05 最终醒发 — 室温，50 分钟；再放入冰箱冷藏 15 分钟

06 烘烤 — 上火 240℃、下火 150℃，40 分钟，喷 8 秒钟蒸汽

小贴士

- 在制作面团时，鲜酵母需用冷水化开后再加入，避免酵母遇热失去活性。
- 手粉和筛粉适合用黑麦面粉，黑麦面粉较干燥，不易被面团弄湿，更能帮助面包产生裂纹。
- 最终醒发结束后可以将醒发好的面包放入冰箱（1℃）冷藏 15 分钟，使其在烘烤过程中呈现更多更好的裂口。

主面团

配方

		烘焙百分比（%）
T170 黑麦面粉	1000 克	100
鲜酵母	5 克	0.5
盐	22 克	2.2
固体酵种（见 P21）	550 克	55
水（65℃）	950 克	95

装饰

材料

T170 黑麦面粉	适量

制作过程

准备：将鲜酵母放入少量冷水中，使酵母溶解即可。

1. 搅拌：将除鲜酵母外的所有材料放入搅拌缸中，用低速搅拌 4 分钟左右，使材料充分混合均匀，并使面团温度有所下降。加入酵母溶液，用中速搅打 8 分钟左右，搅打至面团成团，再用快速搅打一两分钟，使面团表面光滑即可（面团温度在 38℃ 左右）。

2. 基础发酵：将面团放入盆中，密封，放入醒发箱，以温度 25℃、湿度 75%，发酵 60 分钟。

3. 分割与整形：将面团分割成每个 1250 克的面团，在发酵篮白布上筛适量 T170 黑麦面粉，放入面团，用切面刀（沾水）将表面整理光滑。

4. 最终醒发：室温下，醒发 50 分钟，再放入冰箱冷藏 15 分钟。

5. 烘烤：在发酵好的面团表面筛上一层 T170 黑麦面粉，轻轻移入烤盘上，放入烤箱，以上火 240℃、下火 150℃，喷 8 秒钟蒸汽，烘烤 40 分钟。

核桃花生面包

核桃花生面包属于欧式面包，加入核桃、花生增加了坚果风味的同时也丰富了营养，配以花生造型，内部组织紧密，小气孔丰盈。

扫一扫，
看高清视频

出品量及模具

出品量：300 克 / 个，7 个
模具：无，准备法棍发酵布

🍴 **制作难点** 🥄

花生形状的整形手法：割刀口时刀片需斜向切割，无须过深，刀口应间隔均匀。

T65 面粉、黑麦面粉、水、
鲜酵母、盐、中种面团
基础材料

核桃碎、花生碎
添加材料

T65 面粉

硬脆的外皮

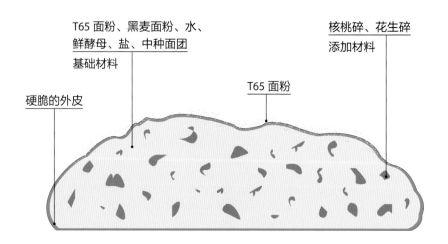

产品制作流程

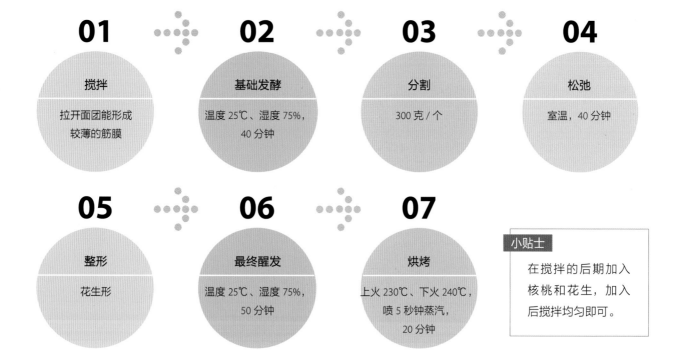

01 搅拌
拉开面团能形成较薄的筋膜

02 基础发酵
温度 25℃、湿度 75%，40 分钟

03 分割
300 克 / 个

04 松弛
室温，40 分钟

05 整形
花生形

06 最终醒发
温度 25℃、湿度 75%，50 分钟

07 烘烤
上火 230℃、下火 240℃，喷 5 秒钟蒸汽，20 分钟

小贴士
在搅拌的后期加入核桃和花生，加入后搅拌均匀即可。

主面团

配方

		烘焙百分比（%）
T65 面粉	850 克	85
黑麦面粉	150 克	15
中种面团（见 P19）	300 克	30
盐	20 克	2
鲜酵母	15 克	1.5
水	650 克	65
核桃碎	150 克	15
花生碎	100 克	10

装饰

材料

T65 面粉	适量

制作过程

1. 搅拌：将除了核桃和花生以外的所有材料放入搅拌缸中，低速搅拌 6 分钟，转中速搅拌，加入核桃和花生，然后慢速搅拌 2 分钟，至面团表面光滑，拉开能形成较薄的筋膜即可。

2. 基础发酵：取出面团，放入周转箱中，然后放入醒发箱，以温度 25℃、湿度 75%，发酵 40 分钟。

3. 分割：将面团分割成每个 300 克的面团，整形成圆形，放在发酵布上。

4. 松弛：室温，松弛 40 分钟。

5. 整形：松弛结束，将面团整形成长橄榄形，在面团中间下压，使面团变成花生形状，放到发酵布上。

6. 最终醒发：放入醒发箱，以温度 25℃、湿度 75%，发酵 50 分钟。

7. 烘烤：取出面团，在表面筛上 T65 面粉，用刀片在表面均匀竖向割 5 条刀口，放入烤箱，以上火 230℃、下火 240℃，喷 5 秒钟蒸汽，烘烤 20 分钟。

可可香橙面包

此款面包属于欧式面包，可可面团加入巧克力粒，使面包整体充满浓郁的巧克力香味，糖渍橙子的加入丰富了口感的层次。

出品量及模具

出品量：300克/个，约8个
模具：无，准备法棍发酵布

制作难点

- 在面团搅拌的最后阶段加入巧克力粒和橙皮丁，慢速拌匀即可，不要过早加入，以免破坏面筋。
- 橄榄形整形时，不要收得过紧，长度为20~22厘米即可。
- 表面割刀口时，刀片需要平向，割开表皮即可，刀口不宜过深。

扫一扫，
看高清视频

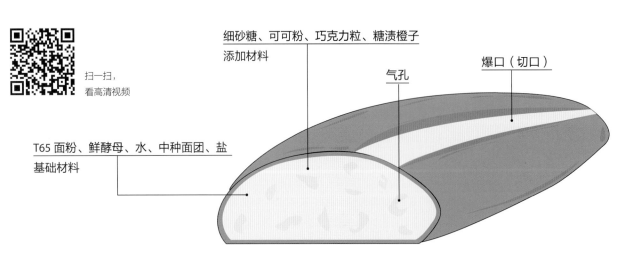

细砂糖、可可粉、巧克力粒、糖渍橙子
添加材料

气孔

爆口（切口）

T65面粉、鲜酵母、水、中种面团、盐
基础材料

产品制作流程

01 搅拌
拉开面团能形成较薄的筋膜

02 基础发酵
温度 25℃、湿度 75%，40 分钟

03 分割
300 克 / 个

04 松弛
室温，30 分钟

05 整形
橄榄形

06 最终醒发
温度 28℃、湿度 75%，60 分钟

07 烘烤
上火 230℃、下火 210℃，喷 5 秒钟蒸汽，30 分钟

小贴士
- 需使用耐烘烤的巧克力粒。
- 造型可延伸，三角星形、双 8、辫子状、S 形等均可。

主面团

配方

		烘焙百分比（%）
T65 面粉	1000 克	100
盐	20 克	2
细砂糖	100 克	10
鲜酵母	15 克	1.5
可可粉	60 克	6
中种面团（见 P19）	200 克	20
水	700 克	70
巧克力粒	125 克	12.5
糖渍橙子	150 克	15

制作过程

1. 搅拌：将除巧克力粒和糖渍橙子以外的所有材料放入搅拌缸中，搅拌至面团表面光滑，加入巧克力粒和糖渍橙子，慢速搅拌均匀，至面团拉开能形成较薄的筋膜。

2. 基础发酵：取出面团，放入周转箱密封，入醒发箱，以温度 25℃、湿度 75%，发酵 40 分钟。

3. 分割：将面团分割成每个 300 克的面团，揉圆，放入烤盘，表面盖包面纸。

4. 松弛：室温下，松弛 30 分钟。

5. 整形：取出面团，用手拍扁排气，按压对折卷起，收紧接口，整形成橄榄形，放在发酵布上。

6. 最终醒发：放入醒发箱，以温度 28℃、湿度 75%，发酵 60 分钟。

7. 烘烤：醒发完成，用刀片在表面竖向割两个刀口，放入烤箱，以上火 230℃、下火 210℃，喷 5 秒钟蒸汽，烘烤 30 分钟。

扫一扫，看高清视频

荞麦圆面包

荞麦圆面包属于欧式面包，是以小麦粉、荞麦粉和液体酵种为主要材料制成的大面包。口感紧致结实，富含膳食纤维。

硬脆的外皮

T65 面粉、荞麦面粉、液体酵种、干酵母、水、盐
基础材料

蜂蜜
添加材料

气孔

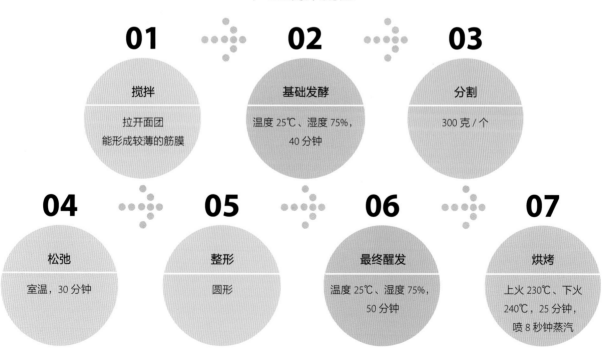

产品制作流程

01
搅拌
拉开面团
能形成较薄的筋膜

02
基础发酵
温度 25℃、湿度 75%，
40 分钟

03
分割
300 克 / 个

04
松弛
室温，30 分钟

05
整形
圆形

06
最终醒发
温度 25℃、湿度 75%，
50 分钟

07
烘烤
上火 230℃、下火
240℃，25 分钟，
喷 8 秒钟蒸汽

配方

		烘焙百分比（%）
T65 面粉	800 克	80
荞麦面粉	200 克	20
液体酵种（见 P20）	300 克	30
盐	25 克	2.5
干酵母	5 克	0.5
水	620 克	62
蜂蜜	40 克	4

装饰

材料

T65 面粉	适量

制作过程

1. 搅拌：将所有材料放入搅拌缸中，加 570 克水，慢速搅拌 6 分钟，然后快速搅拌 5 分钟，边搅拌边分次加入 50 克水，搅拌至面团表面光滑，拉开能形成较薄的筋膜。

2. 基础发酵：取出面团，放入周转箱中，然后放入醒发箱，以温度 25℃、湿度 75%，发酵 40 分钟。

3. 分割：将面团分割成每个 300 克的面团，用手整形成圆形，放在发酵布上。

4. 松弛：室温下，静置 30 分钟。

5. 整形：取出面团，用手拍扁排气，然后折叠整形成圆形，接口朝下，放在发酵布上，发酵布折起作为间隔。

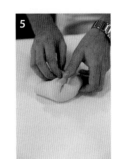

6. 最终醒发：放入醒发箱，以温度 25℃、湿度 75%，醒发 50 分钟。

7. 烘烤：表面筛适量 T65 面粉，入烤箱以上火 230℃、下火 240℃，喷 8 秒钟蒸汽，烘烤 25 分钟。

制作难点

面团整形时用从外向内折叠的方式，烘烤后面包会较饱满。

小贴士

配方中分次加水主要用于调节面团的软硬度。因不同产地不同品种面粉的吸水性有很大差别，甚至储存环境对面粉的吸水性也会造成影响，所以可根据实际情况调整用量。

拉法律

此款面包液体部分为牛奶、淡奶油和鸡蛋，蛋奶味充盈，内部组织蓬松，营养丰富，适宜作为早餐的能量补充。

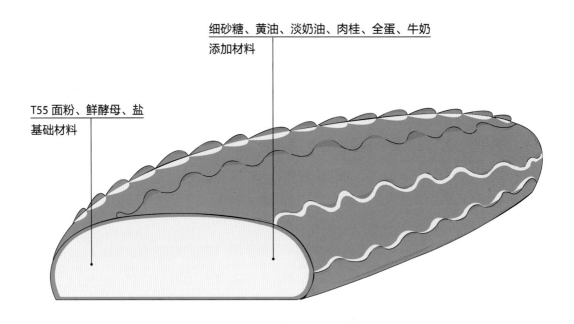

出品量及模具

出品量：200 克 / 个，10 个

细砂糖、黄油、淡奶油、肉桂、全蛋、牛奶
添加材料

T55 面粉、鲜酵母、盐
基础材料

产品制作流程

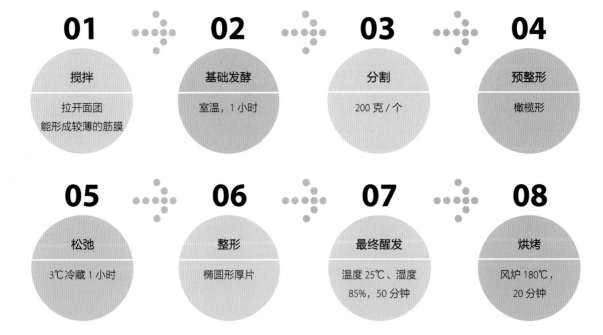

01
搅拌
拉开面团
能形成较薄的筋膜

02
基础发酵
室温，1 小时

03
分割
200 克 / 个

04
预整形
橄榄形

05
松弛
3℃冷藏 1 小时

06
整形
椭圆形厚片

07
最终醒发
温度 25℃、湿度
85%，50 分钟

08
烘烤
风炉 180℃，
20 分钟

主面团

配方

		烘焙百分比（%）
T55 面粉	1000 克	100
盐	22 克	2.2
细砂糖	150 克	15
鲜酵母	40 克	4
牛奶	150 克	15
淡奶油	150 克	15
黄油	150 克	15
全蛋	350 克	35
肉桂	1 克	0.1

装饰

材料

蛋液	适量

制作过程

1. 搅拌：将除黄油以外的所有材料放入搅拌缸中，低速搅拌 4 分钟，然后中速搅拌 5 分钟，分 2 次加入黄油，慢速搅拌均匀后转快速搅拌至面团能形成较薄的筋膜，面团温度为 23℃。
2. 基础发酵：取出面团，放入周转箱密封，室温下发酵 1 小时，然后放入冰箱冷藏。
3. 分割：将面团分割成每个 200 克的面团。
4. 预整形：将面团压成长方形片状，从长方形的长边向中间对折，依次折压整形成橄榄形，接口朝下放在烤盘上。
5. 松弛：放入冰箱，以 3℃冷藏松弛 1 小时。
6. 整形：取出面团，用擀面棍将面团擀成椭圆形厚片，摆放在烤盘上。
7. 最终醒发：放入醒发箱，以温度 25℃、湿度 85%，醒发 50 分钟。
8. 烘烤：取出，在面团表面刷上蛋液，将剪刀沾水（防粘），在面团长端靠近边缘的位置剪一条切口，每个剪口呈三角形的锯齿状，放入风炉，以 180℃烘烤 20 分钟。

🍴 制作难点 🥄

剪刀口应力度适中，切口大小需均匀一致，美观最佳。另外，剪之前剪刀需要沾水，否则会和表面刷的蛋液粘连。

小贴士

- 面团出搅拌缸的适宜温度为 23℃。
- 此款面包可以单独食用，也可做成三明治，营养及口感更加丰富。

诺曼底口袋面包

诺曼底口袋面包为欧式造型面包，口感与乡村面包类似，
奶酪粒的加入给平淡的麦香味提升了口感。

扫一扫，
看高清视频

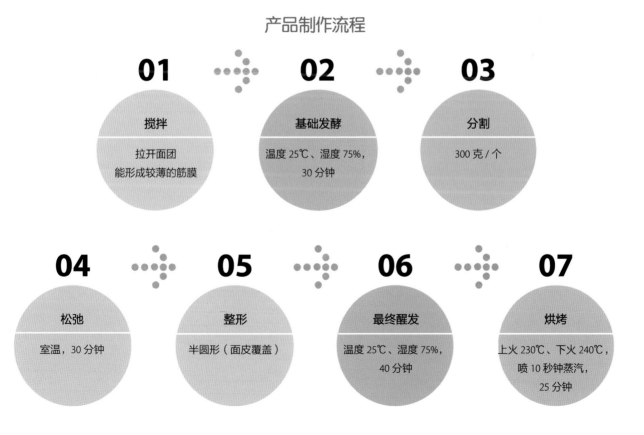

喷 10 秒钟蒸汽（烘烤过程中）

T65 面粉

T65 面粉、黑麦面粉、鲜酵母、水、盐、液体酵种
基础材料

苹果酒、米莫雷特奶酪粒、橄榄油
添加材料

产品制作流程

01
搅拌
拉开面团
能形成较薄的筋膜

02
基础发酵
温度 25℃、湿度 75%，
30 分钟

03
分割
300 克 / 个

04
松弛
室温，30 分钟

05
整形
半圆形（面皮覆盖）

06
最终醒发
温度 25℃、湿度 75%，
40 分钟

07
烘烤
上火 230℃、下火 240℃，
喷 10 秒钟蒸汽，
25 分钟

主面团

配方

		烘焙百分比（%）
T65 面粉	650 克	81.3
黑麦面粉	150 克	18.7
盐	20 克	2.5
鲜酵母	15 克	1.8
液体酵种（见 P20）	200 克	25
苹果酒	310 克	39
水	340 克	42.7
米莫雷特奶酪粒	150 克	18.7
橄榄油	适量	

装饰

材料

T65 面粉	适量

制作过程

1. 搅拌：将 T65 面粉、黑麦面粉、盐、鲜酵母、液体酵种、苹果酒、310 克水加入搅拌缸中，慢速搅拌 5 分钟，中速搅拌 4 分钟后，依面团情况分次加入 30 克水调节，加入米莫雷特奶酪粒慢速搅拌均匀，至面团表面光滑，能形成较薄的筋膜即可。

2. 基础发酵：取出面团，放入周转箱，送入醒发箱，以温度 25℃、湿度 75%，发酵 30 分钟。

3. 分割：将面团分割成每个 300 克的面团，用手整形成圆形，摆入烤盘。

4. 松弛：室温，静置 30 分钟。

5. 整形：取出面团，用手将面团拍扁排气，然后整形成扁圆形，用擀面棍在面团约 1/2 处下压并擀平，表面抹少许橄榄油，折叠粘在另一半面团表面，倒置在发酵布上。

6. 最终醒发：放入醒发箱，以温度 25℃、湿度 75%，发酵 40 分钟。

7. 烘烤：将面团取出，翻面，表面放上模板，筛上 T65 面粉，放入烤箱，以上火 230℃、下火 240℃，喷 10 秒钟蒸汽，烘烤 25 分钟。

🍴 制作难点 🥄

制作此款面包时，造型有操作难度，面团需稍微压扁一些，避免烘烤造成面团过度膨胀，影响整体外观。

小贴士

● 米莫雷特奶酪（Mimolette）产自法国，外壳有微凹陷，内部呈橘黄色，靠近边缘的颜色会比较深，质地坚硬，脂肪含量约 45%。

● 分次加水主要用于调节面团的软硬度。因为不同产地不同品种面粉的吸水性有很大差别，甚至储存环境对面粉的吸水性也会造成影响，所以可根据实际情况调整用量。

扫一扫，
看高清视频

西班牙辣香肠面包

西班牙辣香肠面包属于欧式面包，面团中添加了海鲜饭香料和辣香肠，口味独特。

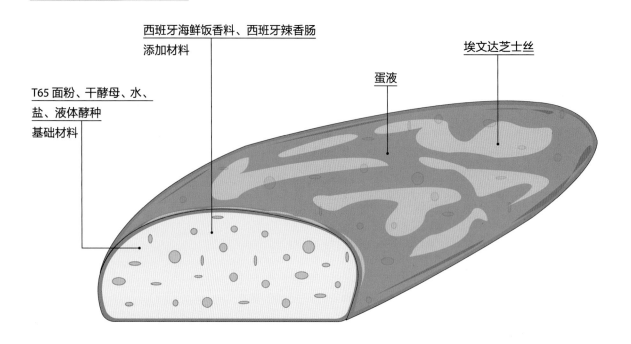

西班牙海鲜饭香料、西班牙辣香肠
添加材料

蛋液

埃文达芝士丝

T65 面粉、干酵母、水、
盐、液体酵种
基础材料

产品制作流程

01

水解

混合静置 30 分钟

02

搅拌

拉开面团
能形成较薄的筋膜

03

基础发酵

温度 20℃、湿度
75%，1 小时

04

分割

200 克 / 个

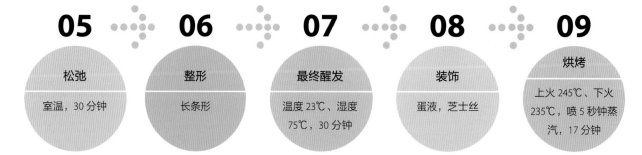

05

松弛

室温，30 分钟

06

整形

长条形

07

最终醒发

温度 23℃、湿度
75℃，30 分钟

08

装饰

蛋液，芝士丝

09

烘烤

上火 245℃、下火
235℃，喷 5 秒钟蒸
汽，17 分钟

主面团

配方

		烘焙百分比（%）
T65 面粉	500 克	100
水（水温 56℃）	350 克	70
盐	9 克	1.8
干酵母	4 克	0.8
液体酵种（见 P20）	50 克	10
西班牙海鲜饭香料	2.5 克	0.5
西班牙辣香肠	75 克	15

装饰

材料

埃文达芝士	适量
蛋液	适量

制作过程

准备

将西班牙辣香肠切小块，备用；将埃文达芝士擦丝，备用。

1. 水解：将 T65 面粉和水放入搅拌缸中，慢速搅拌 3 分钟混合均匀后停止搅拌，室温下静置 30 分钟。
2. 搅拌：将盐、干酵母、液体酵种放入搅拌缸中，慢速搅拌，让材料和水解的面团混合均匀，然后中速搅拌至面团表面光滑，能形成较薄的筋膜，最后加入西班牙海鲜饭香料和西班牙辣香肠搅拌均匀即可。
3. 基础发酵：取出面团，放入周转箱，盖上盖子密封，放入醒发箱，以温度 20℃、湿度 75%，发酵 1 小时。
4. 分割：取出面团，放置在发酵布上（发酵布需撒粉防粘），将面团分割成每个 200 克的小面团。
5. 松弛：用手将面团折叠收成长方形，放在发酵布上，室温松弛 30 分钟。
6. 整形：取出面团，轻拍排气，翻折面团，整形成长条形，放入铺有油纸的烤盘。
7. 最终醒发：送入醒发箱，以温度 23℃、湿度 75℃，醒发 30 分钟。
8. 装饰：在面团上刷一层蛋液，均匀撒上埃文达芝士丝。
9. 烘烤：送入烤箱，以上火 245℃、下火 235℃，喷 5 秒钟蒸汽，烘烤 17 分钟。

制作难点

长条形整形时需粗细均匀，成品两头稍尖，长度约 35 厘米。

小贴士

- 衍生产品：可以将面团分割成每个 50 克的小面团，滚圆，制成圆形西班牙辣香肠面包，烘烤时间缩短至 10~12 分钟，温度不变。
- 埃文达芝士，产自瑞士，又称大孔奶酪，外边平滑细腻，呈淡黄色。

夏巴挞

夏巴挞（Ciabatta）源于意大利，因烤好后外形形似拖鞋，比较扁平，在当地语中意为"拖鞋"。此款面包的组织有着大小不一的孔洞，且孔洞富有光泽，面包外脆内软，富有咀嚼感，传统吃法是佐以橄榄油或意大利香脂醋，也可制作成三明治食用。

扫一扫，
看高清视频

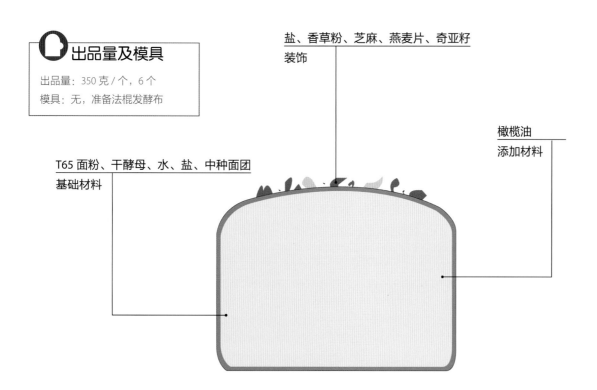

出品量：350 克 / 个，6 个
模具：无，准备法棍发酵布

盐、香草粉、芝麻、燕麦片、奇亚籽
装饰

橄榄油
添加材料

T65 面粉、干酵母、水、盐、中种面团
基础材料

产品制作流程

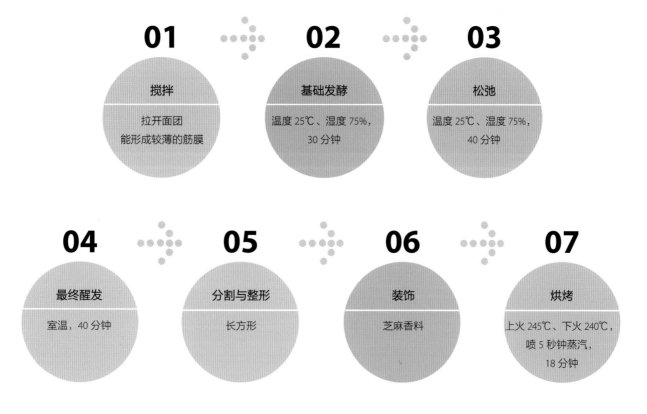

01
搅拌
拉开面团
能形成较薄的筋膜

02
基础发酵
温度 25℃、湿度 75%，
30 分钟

03
松弛
温度 25℃、湿度 75%，
40 分钟

04
最终醒发
室温，40 分钟

05
分割与整形
长方形

06
装饰
芝麻香料

07
烘烤
上火 245℃、下火 240℃，
喷 5 秒钟蒸汽，
18 分钟

芝麻香料

配方

盐	5 克
香草粉	3 克
芝麻	20 克
燕麦片	20 克
奇亚籽	适量

制作过程

将所有材料混合均匀，备用。

主面团

配方

		烘焙百分比（%）
T65 面粉	1000 克	100
盐	18 克	1.8
干酵母	5 克	0.5
中种面团（见 P19）	500 克	50
橄榄油	50 克	5
水	700 克	70

制作过程

1. 搅拌：将所有材料放入搅拌缸中，加 620 克水，慢速搅拌 5 分钟后中速搅拌 5 分钟，边搅拌边分次加入 80 克水（可根据面团的软硬情况调整用量），搅拌至面团表面光滑，能形成较薄的筋膜。

2. 基础发酵：取出面团，放入周转箱，用手将面团周围部分折叠入面团内部中心处，放入醒发箱，以温度 25℃、湿度 75%，发酵 30 分钟。

3. 松弛：取出，将面团翻面，继续放回醒发箱，以温度 25℃、湿度 75%，发酵 40 分钟。

4. 最终醒发：将面团折叠整形成长条形，放在发酵布上，室温，醒发 40 分钟。

5. 分割与整形：将长条形面团平分为 6 块长方形（约 350 克 / 个），放在发酵布上。

6. 装饰：在面团表面刷上少许水（配方外），然后均匀地撒上芝麻香料。

7. 烘烤：入烤箱以上火 245℃、下火 240℃，喷 5 秒钟蒸汽，烘烤 18 分钟。

🍴 制作难点 🥄

发酵好的面团尽量少触碰，以保留面团中的空气。

小贴士

- 此款产品含水量特别大，在制作时需用适量手粉辅助，或在手上抹适量橄榄油防粘。
- 衍生产品：在面团中加入去核黑橄榄，可以制作成橄榄夏巴达。在搅拌即将结束的时候加入黑橄榄搅拌均匀即可。

扫一扫，看高清视频

咖啡空间

丹麦面包是一种由千层酥皮面团制成的面包，质地酥松，内部气孔均匀，层次清晰和蝉翼，款式多变，是一种点心类面包。此款产品在千层酥皮的基础上夹裹咖啡烤布蕾和肉桂焦糖饼，口感更加丰富，适宜作为下午茶食用。

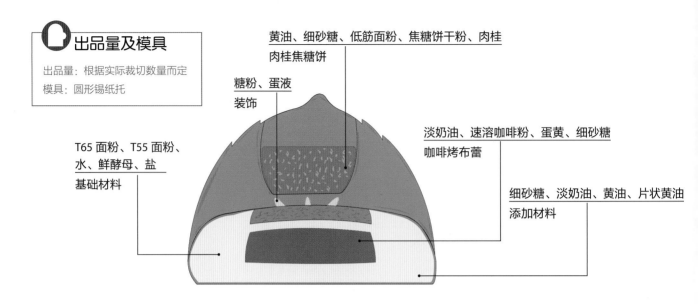

出品量及模具

出品量：根据实际裁切数量而定

模具：圆形锡纸托

黄油、细砂糖、低筋面粉、焦糖饼干粉、肉桂
肉桂焦糖饼

糖粉、蛋液
装饰

淡奶油、速溶咖啡粉、蛋黄、细砂糖
咖啡烤布蕾

T65 面粉、T55 面粉、
水、鲜酵母、盐
基础材料

细砂糖、淡奶油、黄油、片状黄油
添加材料

产品制作流程

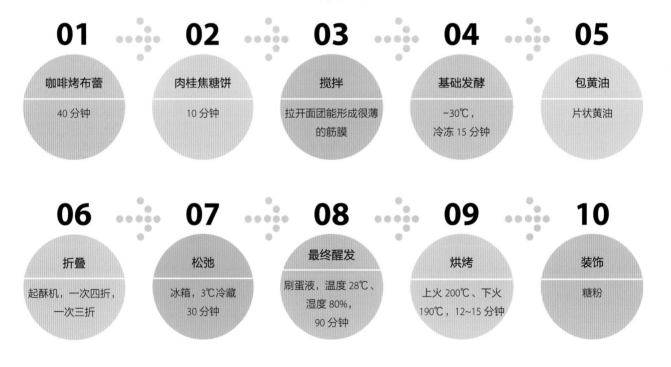

01 咖啡烤布蕾 — 40 分钟

02 肉桂焦糖饼 — 10 分钟

03 搅拌 — 拉开面团能形成很薄的筋膜

04 基础发酵 — −30℃，冷冻 15 分钟

05 包黄油 — 片状黄油

06 折叠 — 起酥机，一次四折，一次三折

07 松弛 — 冰箱，3℃冷藏 30 分钟

08 最终醒发 — 刷蛋液，温度 28℃、湿度 80%，90 分钟

09 烘烤 — 上火 200℃、下火 190℃，12~15 分钟

10 装饰 — 糖粉

咖啡烤布蕾

配方

淡奶油	180 克
速溶咖啡粉	3 克
蛋黄	54 克
细砂糖	36 克

制作过程

1. 将淡奶油和速溶咖啡粉混合，搅拌均匀。

2. 将蛋黄和细砂糖混合搅拌均匀，加入到"步骤 1"中，用手持搅拌球搅拌均匀。

3. 将混合浆料倒入量杯内，注入方形硅胶模具中，放入风炉，以 100℃烘烤 30 分钟，取出冷却。

肉桂焦糖饼

配方

黄油	20 克
细砂糖	20 克
低筋面粉	40 克
焦糖饼干粉	40 克
肉桂	2 克

制作过程

将所有材料放在搅拌桶内，混合搅拌均匀即可。

主面团

配方

		烘焙百分比（%）
T65 面粉	250 克	50
T55 面粉	250 克	50
盐	10 克	0.2
细砂糖	60 克	12
鲜酵母	25 克	5
淡奶油	50 克	10
黄油	40 克	8
水	200 克	40
片状黄油	250 克	

装饰

材料

糖粉	适量
蛋液	适量

制作过程

1. 搅拌：将除片状黄油以外的所有材料放入搅拌缸中，慢速搅拌至材料混合均匀，转中速搅拌至面团表面光滑，能形成较薄的筋膜。
2. 室温松弛 10 分钟左右，整形成圆形。
3. 基础发酵：用擀面棍将面团擀成厚约 1 厘米的圆形片，放入烤盘，入速冻柜急冻 15 分钟备用。
4. 包黄油：取出面片，将冷藏的片状黄油擀成正方形，放在面团中心，将面片从黄油边线往中心对折，四个边折完以后呈正方形。
5. 折叠：将包好的面团放在起酥机上，压成长方形，一次四折，一次三折。
6. 松弛：将面团放入烤盘，包上包面纸，放入冰箱，以 3℃冷藏松弛 30 分钟。
7. 整形与分割：取出面团，用起酥机擀压至 0.5 厘米厚，裁切成 10 厘米×10 厘米的正方形，沿对角线将面片的中间划切开，两端无须切开，将一角反扣，从中间间隙处拉出来，将咖啡烤布蕾放在里面，再加入肉桂焦糖饼，放入锡纸托内。
8. 最终醒发：在面团表面刷上一层蛋液，放入醒发箱，以温度 28℃、湿度 80%，发酵 90 分钟。
9. 烘烤：取出面团，放入烤箱，以上火 200℃、下火 190℃，烘烤 12~15 分钟，出炉，放在网架上冷却。
10. 装饰：将带有镂空花纹的胶片纸放在面包表面，筛上一层糖粉，取下胶片纸即可。

🍴 制作难点 🥄

● 起酥机开酥需保证面团与片状黄油的软硬度相符，以免出现延展困难或断油的情况。
● 面团完成开酥后，如果面团太软，需要重新冻硬些再做整形分割，避免切割时层次粘连不清晰。

小贴士

● 咖啡烤布蕾可依个人喜好替换成其他口味，将速溶咖啡粉替换成等量的可可粉、抹茶粉等，可以制作成其他口味的产品。
● 请选择比较锋利的刀具切割丹麦面团，以保证切分时层次不受到破坏。
● 醒发丹麦面团时温度不宜过高，否则油脂会从面团中渗出，影响出品。烘烤时，中途不要开炉门，否则面包会坍塌缩腰。

葡萄面包

此款产品是包含有卡仕达酱和葡萄干的螺旋状丹麦面包。

扫一扫：
看高清视频

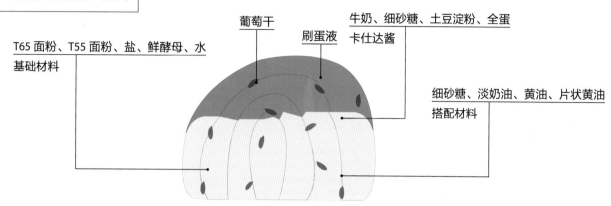

出品量及模具

出品量：根据实际裁切数量而定

模具：圆形锡纸托（直径 8 厘米）

葡萄干

刷蛋液

牛奶、细砂糖、土豆淀粉、全蛋
卡仕达酱

T65 面粉、T55 面粉、盐、鲜酵母、水
基础材料

细砂糖、淡奶油、黄油、片状黄油
搭配材料

制作难点

- 起酥机开酥需保证面团与片状黄油的软硬度相符，以免出现延展困难或断油的情况。
- 制作卡仕达酱时，后期一定要用手持搅拌球不停搅拌，锅的各个位置都要搅拌到，避免煳底。
- 此款面包烘烤时间一定要够，烘烤不足出炉会造成塌陷、空洞。

产品制作流程

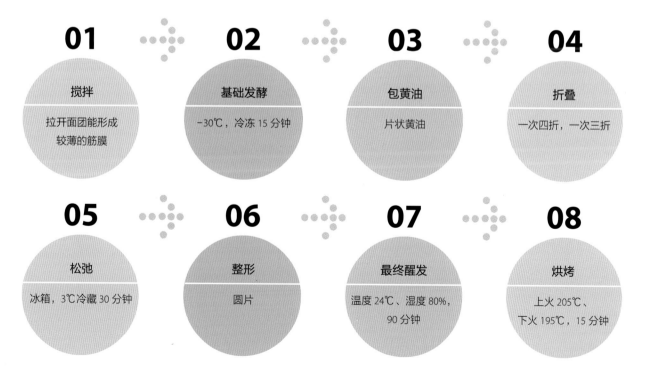

01 搅拌 — 拉开面团能形成较薄的筋膜

02 基础发酵 — -30℃，冷冻 15 分钟

03 包黄油 — 片状黄油

04 折叠 — 一次四折，一次三折

05 松弛 — 冰箱，3℃冷藏 30 分钟

06 整形 — 圆片

07 最终醒发 — 温度 24℃、湿度 80%，90 分钟

08 烘烤 — 上火 205℃、下火 195℃，15 分钟

卡仕达酱

配方

牛奶	1000 克
细砂糖	200 克
土豆淀粉	80 克
全蛋	4 个

制作过程

1. 将牛奶、1/2 的细砂糖倒入锅中，搅拌均匀，加热煮沸。
2. 将全蛋、土豆淀粉混合，加入剩余的细砂糖，搅拌均匀。
3. 将煮沸的牛奶取一部分倒入"步骤2"中搅拌均匀，再倒回锅中，继续加热，边加热边搅拌至浓稠的糊状，离火。
4. 将煮好的卡仕达酱倒入铺有硅胶垫的烤盘内，表面包上一层保鲜膜，放入冰箱冷藏备用。

主面团

配方

		烘焙百分比（%）
T65 面粉	250 克	50
T55 面粉	250 克	50
盐	10 克	0.2
细砂糖	60 克	12
鲜酵母	25 克	5
淡奶油	50 克	10
黄油	40 克	8
水	200 克	40
葡萄干（泡软）	适量	
片状黄油	250 克	

装饰

材料

蛋液	适量

制作过程

1. 搅拌：将除了片状黄油、葡萄干以外的所有材料放入搅拌缸中，慢速搅拌至材料混合均匀，转中速搅拌至面团表面光滑，能形成较薄的筋膜。
2. 室温松弛 10 分钟左右，整形成圆形。
3. 基础发酵：用擀面棍将面团擀成厚约 1 厘米的圆形，放入烤盘，然后放入速冻柜冷冻 15 分钟备用。
4. 包黄油：取出面团，将冷藏的片状黄油擀成正方形，放在面团中心，将面团从黄油边线往中心对折，四个边折完以后呈正方形。
5. 折叠：将包好的面团放在起酥机上，压成长方形，一次四折，一次三折。
6. 松弛：将面团放入烤盘，包上包面纸，放入冰箱，以 3℃冷藏松弛 30 分钟。
7. 整形与分割：将面团用起酥机擀压成 4 毫米厚、40 厘米宽的面皮，在面皮一端刷上蛋液，在表面均匀地抹上卡仕达酱，撒上葡萄干，从未刷蛋液的一端将面皮卷至刷了蛋液的一端，卷成

圆柱形，放入烤盘，放入速冻柜冻硬。取出面团，用刀切成 2..5 厘米厚的圆片，将侧面接口塞到底部，放入圆形锡纸托中，摆入烤盘。
8. 最终醒发：放入醒发箱，以温度 24℃、湿度 80%，发酵 90 分钟。
9. 烘烤：醒发完成后在面团表面刷一层蛋液，放入烤箱，以上火 205℃、下火 195℃，烘烤 15 分钟。

小贴士

- 面团完成开酥后，若太软，需要重新冻硬些再整形分割，避免切割时层次粘连不清晰。请选择比较锋利的刀具切割丹麦面团，以保证切分时层次不受破坏。
- 卡仕达酱里面的土豆淀粉可以替换成玉米淀粉，全蛋也可以适当减少，减少的部分以蛋黄替代。
- 醒发丹麦面团时温度不宜过高，否则油脂会从面团中渗出，影响出品。烘烤时，中途不要开炉门，否则面包会坍塌缩腰。

扫一扫，
看高清视频

羊角包

羊角面包广泛流传于世界各地，各国对片状黄油的包入方式、起酥方法也都有着各自的习惯或规矩，但万变不离其宗的是，它们都是发酵面团与片状黄油的结合，内部呈现出气孔均匀、层层叠叠的网状结构，口感酥松。羊角面包的由来无从印证，传说源于奥地利维也纳的糕点店，用以纪念奥斯曼帝国撤军，面包师傅将面包做成了号角的形状，但也有更早的历史记录表示在巴黎皇室也有羊角面包的存在。此产品可以单独食用，也可做成三明治。

细砂糖、奶粉、黄油、片状黄油
添加材料

T65 面粉、T55 面粉、鲜酵母、中种面团、水、盐
基础材料

酥脆的外皮

气孔

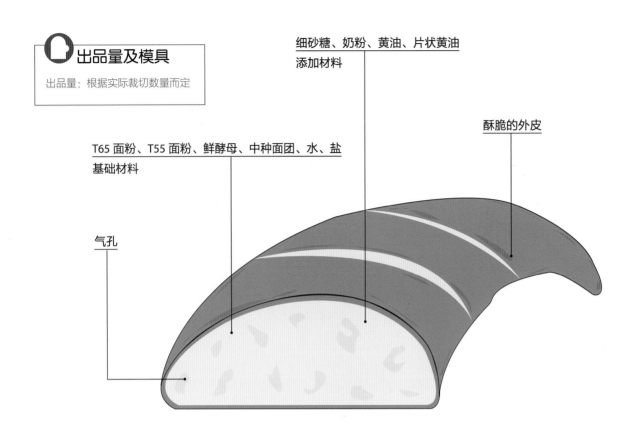

产品制作流程

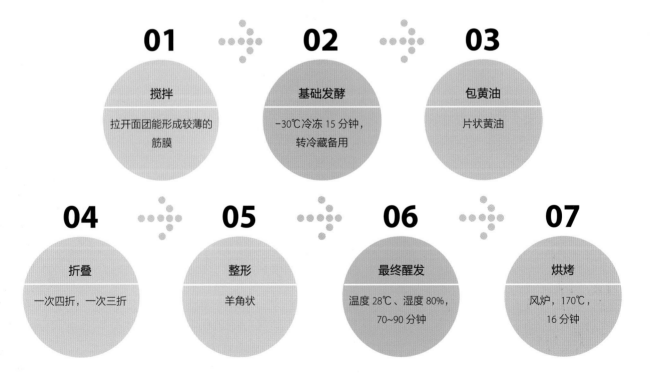

01 搅拌
拉开面团能形成较薄的筋膜

02 基础发酵
-30℃冷冻 15 分钟，转冷藏备用

03 包黄油
片状黄油

04 折叠
一次四折，一次三折

05 整形
羊角状

06 最终醒发
温度 28℃、湿度 80%，70~90 分钟

07 烘烤
风炉，170℃，16 分钟

配方

		烘焙百分比（%）
T65 面粉	250 克	50
T55 面粉	250 克	50
盐	10 克	2
细砂糖	65 克	13
鲜酵母	20 克	4
奶粉	15 克	3
黄油	50 克	10
水	230 克	46
中种面团（见 P19）	75 克	15
片状黄油	250 克	

装饰

材料

蛋液	适量

制作过程

1. 搅拌：将除片状黄油以外的所有材料放入搅拌缸中，慢速搅拌至材料混合均匀，转中速搅拌至面团表面光滑，能形成较薄的筋膜。

2. 松弛：室温松弛 10 分钟左右，将面团分割成每个 600 克的面团，整形成圆形。

3. 基础发酵：用擀面棍将面团擀成厚约 1 厘米的圆片，放入烤盘，然后放入速冻柜冷冻 15 分钟后转冷藏备用。

4. 包黄油：取出面团，将冷藏的片状黄油擀成正方形，放在面团中心，将面团从黄油边线往中心对折，四个边折完后呈正方形。

5. 折叠：将包好的面团放在起酥机上，压成长方形，一次四折，一次三折。然后用起酥机压成 4 毫米厚的长方形，宽度为 28~30 厘米。

6. 分割与整形：将面皮放在操作台上，修掉多余的部分，分割成底部长 10 厘米的三角形，用手将三角形均匀拉长至 30 厘米，在底边的中心处切割出一个切口，从底边切口处向外、向顶部卷起，呈羊角形，轻推即可，不要卷得过紧，将三角形顶尖位置在台面上按压一下方便黏合。

7. 最终醒发：将羊角面团接口朝下摆在烤盘内，将两边的角向中间弯出弧度，表面刷一层蛋液，放入醒发箱，以温度 28℃、湿度 80%，发酵 70~90 分钟（至原体积的 2 倍大）。

8. 烘烤：取出，在面团表面均匀刷一层蛋液，放入风炉，以 170℃烘烤 16 分钟。

🍴 制作难点 🥄

- 制作羊角面包需要在低温的环境下完成，且开酥、切割、整形速度要尽量快。

- 起酥机开酥需保证面团与片状黄油的软硬度相符，以免出现延展困难或断油的情况。

- 面团完成开酥后，如果太软，需要重新冻硬些再做整形分割，以免切割时层次粘连不清晰。

小贴士

- 如使用烤箱烘烤，温度和烘烤时间为：上火 205℃、下火 195℃，烘烤约 15 分钟。

- 衍生产品：可以覆盖有色面皮，如巧克力面皮等，做成双色或多色羊角面包；也可以在整形时，在切割好的面皮上放置馅料，如巧克力棒、杏仁酱等，制作成风味羊角面包。

- 制作好的面包如吃不完，可以用保鲜膜密封包裹，放入冰箱的冷冻层，食用前稍回温，放入烤箱再次烘烤即可食用，注意是冷冻层，不是冷藏，冷藏会加速面包老化。

扫一扫，
看高清视频

出品量及模具

出品量：根据实际裁切数量而定

模具：长方形纸托

🍴 制作难点 🥄

● 起酥机开酥需保证面团与片状黄油的
软硬度相符，以免出现延展困难或断
油的情况。

● 在面团完成开酥后，如果太软，需要
重新冻硬些再做整形分割，避免切割
时层次粘连不清晰。

珍宝面包

珍宝面包采用双色面皮：加入了可可粉的面团散发出巧克力的
芳香；辫子状外形包裹扁桃仁膏内馅，口感层次丰盈。

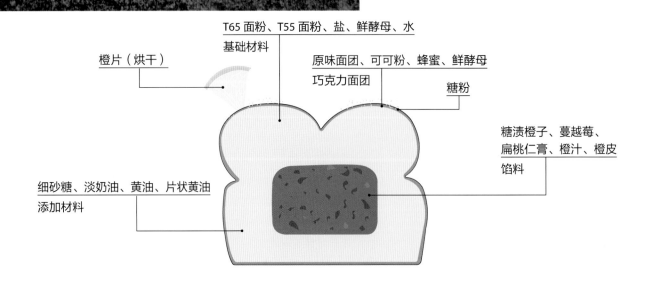

橙片（烘干）

T65 面粉、T55 面粉、盐、鲜酵母、水
基础材料

原味面团、可可粉、蜂蜜、鲜酵母
巧克力面团

糖粉

糖渍橙子、蔓越莓、
扁桃仁膏、橙汁、橙皮
馅料

细砂糖、淡奶油、黄油、片状黄油
添加材料

产品制作流程

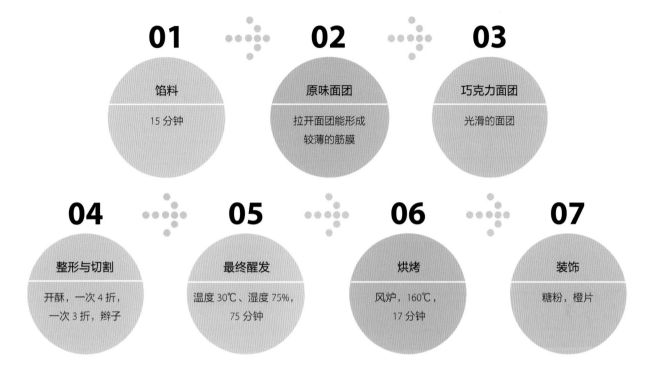

01 馅料 — 15 分钟

02 原味面团 — 拉开面团能形成较薄的筋膜

03 巧克力面团 — 光滑的面团

04 整形与切割 — 开酥，一次 4 折，一次 3 折，辫子

05 最终醒发 — 温度 30℃、湿度 75%，75 分钟

06 烘烤 — 风炉，160℃，17 分钟

07 装饰 — 糖粉，橙片

小贴士

- 巧克力面皮搅拌结束后需松弛，避免和原味面团贴合后，起酥时延展性不佳。
- 醒发丹麦面团时温度不宜过高，否则油脂会从面团中渗出。烘烤时，中途不要开炉门，否则面包会坍塌缩腰。

馅料

配方

糖渍橙子	100 克
蔓越莓	100 克
扁桃仁膏	400 克
橙汁	100 克
橙皮	2 克

制作过程

1. 将糖渍橙子和蔓越莓切碎，备用。
2. 将扁桃仁膏放入搅拌桶中，用扇形搅拌器搅拌，边搅拌边加入橙汁和橙皮，搅拌均匀后加入"步骤 1"搅拌均匀，装入裱花袋。
3. 将做好的"步骤 2"挤入椭圆形的硅胶模中（约 30 克），放入速冻柜冷冻备用。

巧克力面团

配方

羊角面团	400 克
可可粉	14 克
蜂蜜	14 克
鲜酵母	6 克

制作过程

1. 搅拌：将所有材料放入搅拌桶中，用钩状搅拌器搅拌至混合均匀，成为光滑的面团。
2. 松弛：滚圆，室温静置 10 分钟，擀压成片状，冷藏备用。

原味面团

配方

		烘焙百分比（%）
T65 面粉	250 克	50
T55 面粉	250 克	50
盐	10 克	0.2
细砂糖	60 克	12
鲜酵母	25 克	5
淡奶油	50 克	10
黄油	40 克	8
水	200 克	40
片状黄油	225 克	

制作过程

1. 搅拌：将除片状黄油以外的所有材料放入搅拌缸中，慢速搅拌至材料混合均匀，转中速搅拌至面团表面光滑，能形成较薄的筋膜。
2. 松弛：室温松弛 10 分钟左右，整形成圆形。
3. 基础发酵：用擀面棍将面团擀成厚约 1 厘米的圆形，放入烤盘，然后放入速冻柜冻硬后转冷藏备用。
4. 包黄油：取出面团，将冷藏的片状黄油擀成正方形，放在面团中心，将面团从黄油边线往中心对折，四个边折完以后呈正方形。
5. 折叠：将包好的面团放在起酥机上，压成长方形，一次四折，一次三折。
6. 整形：取 200 克巧克力面团，用擀面棍擀成和原味面团一样的方形，然后将巧克力面团覆盖在原味面团上，边缘包裹住。用起酥机压成 4 毫米厚的面皮，放入烤盘，然后放入冰箱冷藏。
7. 用刀将面皮对半切开，然后用滚轮刀切成 12 块小的长方形，取一块小长方形，从宽边平分 3 份，用刀从底部往上切至距离顶部 2 厘米左右（小长方形分成 3 根长条，但不切断），然后将 3 根长条编成辫子。将编好的辫子原色的一面朝上，将冻好的馅料脱模，放在辫子的中间，用编好的辫子面团两侧包住馅料，接口朝下放入长方形纸托中，表面刷上蛋液，放入烤盘。
8. 最终醒发：放入醒发箱，以温度 30℃、湿度 75%，发酵 75 分钟。
9. 烘烤：取出，在面团表面均匀刷上一层蛋液，放入风炉，以 160℃ 烘烤 17 分钟。
10. 装饰：脱模，在面包的一端筛上有色糖粉，另一端放上 1/4 片烘干橙片作为装饰。

装饰

材料

蛋液	适量
糖粉（有色）	适量
橙片（烘干）	适量

7-1   7-2

加勒比面包

此款产品在千层酥皮基础上包裹了椰子利口酒面糊和椰子凝胶饼，口感更加丰富。

扫一扫，
看高清视频

出品量及模具

出品量：根据实际裁切数量而定

模具：圆形锡纸模（直径 8 厘米）

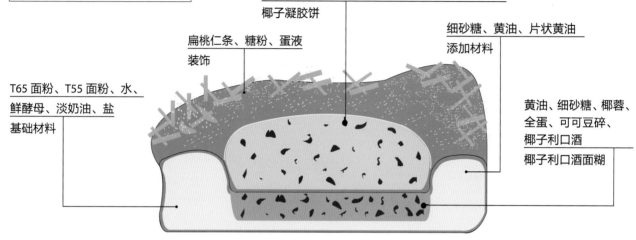

扁桃仁条、糖粉、蛋液
装饰

椰子果蓉、细砂糖、椰蓉、吉利丁片、可可豆碎
椰子凝胶饼

细砂糖、黄油、片状黄油
添加材料

T65 面粉、T55 面粉、水、鲜酵母、淡奶油、盐
基础材料

黄油、细砂糖、椰蓉、全蛋、可可豆碎、椰子利口酒
椰子利口酒面糊

产品制作流程

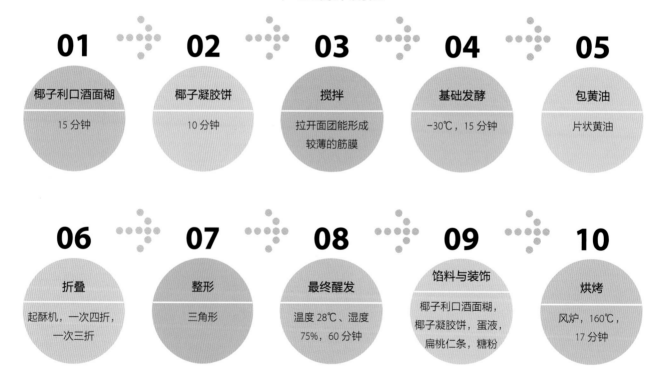

01 椰子利口酒面糊
15 分钟

02 椰子凝胶饼
10 分钟

03 搅拌
拉开面团能形成较薄的筋膜

04 基础发酵
−30℃，15 分钟

05 包黄油
片状黄油

06 折叠
起酥机，一次四折，一次三折

07 整形
三角形

08 最终醒发
温度 28℃、湿度 75%，60 分钟

09 馅料与装饰
椰子利口酒面糊，椰子凝胶饼，蛋液，扁桃仁条，糖粉

10 烘烤
风炉，160℃，17 分钟

小贴士

如使用平炉烘烤，可以上火 200℃、下火 190℃，烘烤 12~15 分钟。

椰子利口酒面糊

配方

黄油	85 克	全蛋	85 克
细砂糖	40 克	可可豆碎	30 克
椰蓉	85 克	椰子利口酒	40 克

制作过程

1. 将黄油软化，加入细砂糖，用手持搅拌球搅拌至发白。
2. 加入全蛋，用手持搅拌球搅拌均匀。
3. 加入椰子利口酒和椰蓉，充分搅拌均匀。
4. 加入可可豆碎，搅拌均匀，呈面糊状，装入裱花袋中，挤入圆形硅胶连模中，冷冻凝固即可。

椰子凝胶饼

配方

椰子果蓉	180 克	吉利丁片	3 克
细砂糖	40 克	可可豆碎	适量
椰蓉	20 克		

制作过程

准备：将吉利丁片提前用冰水浸泡软化。

1. 将椰子果蓉放入锅中加热，加入椰蓉和细砂糖搅拌均匀，离火。
2. 稍冷却后加入泡好的吉利丁片搅拌均匀，然后倒入圆形硅胶连模中，表面撒少许可可豆碎，放入速冻柜冷冻备用。

主面团

配方

		烘焙百分比（%）
T65 面粉	250 克	50
T55 面粉	250 克	50
盐	10 克	0.2
细砂糖	60 克	12
鲜酵母	25 克	5
淡奶油	50 克	10
黄油	40 克	8
水	200 克	40
片状黄油	200 克	

装饰

材料

扁桃仁条	适量
蛋液	适量
糖粉	适量

制作过程

1. 搅拌：将除片状黄油以外的所有材料放入搅拌缸中，慢速搅拌至材料混合均匀，转中速搅拌至面团表面光滑，能形成较薄的筋膜。
2. 松弛：室温松弛 10 分钟左右，将面团整形成圆形。
3. 基础发酵：用擀面棍将面团擀成厚约 1 厘米的长方形，放入烤盘，然后放入速冻柜冷冻 15 分钟后转冷藏备用。
4. 包黄油：取出面团，将冷藏的片状黄油擀成方形，放在面团中心，将片状黄油包起。
5. 折叠：将包好的面团放在起酥机上，压成长方形，一次四折，一次三折。最终将面团压成宽 30 厘米、厚 0.4 厘米的长方形面皮，放入烤盘，然后放入冰箱冷藏。

6. 分割与整形：取出面团，从宽边切开成两个长方形，将面片重叠在一起，将边缘切平整。依次分割成高 14 厘米、宽 7 厘米的等腰三角形，将三角形放入圆形锡纸模中，放入烤盘。
7. 最终醒发：送入醒发箱，以温度 28℃、湿度 75%，发酵 60 分钟。
8. 装饰：取出面团，将椰子利口酒面糊脱模，放在面团中间，轻轻下压，然后在面团边缘刷上蛋液，放上扁桃仁条。

9. 烘烤：放入风炉，以 160℃烘烤 17 分钟，出炉冷却，将椰子凝胶饼脱模放在中心处，在三角形的三个角上筛少许糖粉装饰。

诺曼底面包

此款产品在千层酥皮的基础上添加了苹果覆盆子馅料，表面以苹果片作为装饰，实则为一款水果味的丹麦面包。

扫一扫，
看高清视频

出品量及模具

出品量：根据实际裁切数量而定

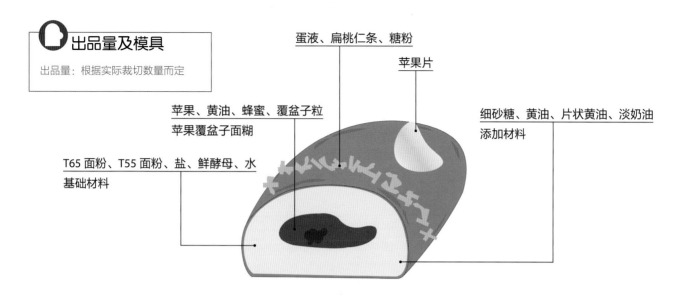

蛋液、扁桃仁条、糖粉

苹果片

苹果、黄油、蜂蜜、覆盆子粒
苹果覆盆子面糊

细砂糖、黄油、片状黄油、淡奶油
添加材料

T65 面粉、T55 面粉、盐、鲜酵母、水
基础材料

产品制作流程

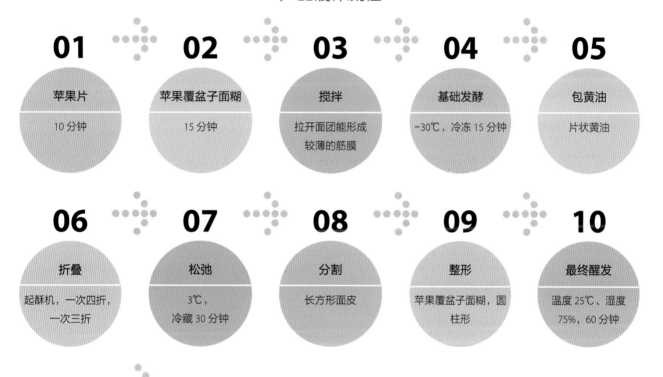

01 苹果片
10 分钟

02 苹果覆盆子面糊
15 分钟

03 搅拌
拉开面团能形成较薄的筋膜

04 基础发酵
-30℃，冷冻 15 分钟

05 包黄油
片状黄油

06 折叠
起酥机，一次四折，一次三折

07 松弛
3℃，冷藏 30 分钟

08 分割
长方形面皮

09 整形
苹果覆盆子面糊，圆柱形

10 最终醒发
温度 25℃、湿度 75%，60 分钟

11 装饰
蛋液，苹果片，扁桃仁条，糖粉

12 烘烤
风炉，160℃，17 分钟

小贴士

● 苹果片一定要切得足够薄，使用前可以泡在冰水里避免氧化，影响美观。

● 制作好的面包如吃不完，可以用保鲜膜密封包裹，放入冰箱的冷冻层，食用前稍回温后放入烤箱再次烘烤即可食用。注意是冷冻层，不是冷藏，冷藏保存会加速面包老化。

苹果片

配方

苹果（大号）·····················1 个

制作过程

将苹果切薄片，用圈模压成规整的圆片。

苹果覆盆子面糊

配方

苹果	350 克
黄油	40 克
蜂蜜	40 克
覆盆子粒	130 克

制作过程

准备：黄油切小块，苹果切丁。

1. 将黄油块放入锅中加热至熔化；加入苹果丁搅拌均匀。
2. 加入蜂蜜，搅拌均匀，然后加入覆盆子粒，用刮刀搅拌均匀。
3. 将做好的苹果覆盆子面糊均匀加入到长方形 12 格硅胶连模中，放入速冻柜冷冻。

主面团

配方

		烘焙百分比（%）
T65 面粉	250 克	50
T55 面粉	250 克	50
盐	10 克	0.2
细砂糖	60 克	12
鲜酵母	25 克	5
淡奶油	50 克	10
黄油	40 克	8
水	200 克	40
片状黄油	250 克	

制作过程

1. 搅拌：将除片状黄油以外的所有材料放入搅拌缸中，慢速搅拌至材料混合均匀，转中速搅拌至面团表面光滑，能形成较薄的筋膜。
2. 松弛：室温松弛 10 分钟左右，将面团整形成圆形。
3. 基础发酵：用擀面棍将面团擀成厚约 1 厘米的圆形，放入烤盘，然后放入速冻柜冷冻 15 分钟后转冷藏备用。
4. 包黄油：取出面团，将冷藏的片状黄油擀成正方形，放在面团中心，将面团从黄油边线往中心对折，四个边折完后呈正方形。
5. 折叠与松弛：将包好的面团放在起酥机上，压成长方形，一次四折，一次三折，放入冰箱，以 3℃冷藏 30 分钟。
6. 分割：取出面团，放在起酥机上，擀压成长 50 厘米、宽 36 厘米、厚 0.35 厘米的长方形面皮，放入烤盘，包上包面纸，放入冰箱冷藏。将开好酥的面团切分成 10 厘米 ×12 厘米的长方形面皮。
7. 整形：取出苹果覆盆子面糊，脱模，放在面皮宽的一端，将面皮卷起，呈圆柱形，接口朝下放在烤盘上，刷上蛋液。

装饰

材料

扁桃仁条	适量
蛋液	适量
糖粉	适量

8. 最终醒发：放入醒发箱，以温度 25℃、湿度 75%，发酵 60 分钟。
9. 烘烤与装饰：取出面团，表面刷蛋液，一边放上苹果片，另一边放上扁桃仁条，送入风炉，以 160℃烘烤 17 分钟，出炉后，在粘有扁桃仁条的一边筛上糖粉作为装饰。

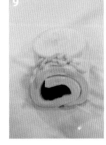

粉红女郎

此款丹麦面包添加果酱、苹果片作为馅料，双色面皮，呈花朵状。

扫一扫，
看高清视频

出品量及模具

出品量：根据实际裁切数量而定

模具：圆形锡纸模

红色水果果蓉、细砂糖、吉士粉
红色水果果酱

原味面团、奇亚籽、红色色粉
红色面团

苹果片

糖粉、蛋液
装饰

细砂糖、淡奶油、黄油、片状黄油
添加材料

T65 面粉、T55 面粉、
盐、鲜酵母、水
基础材料

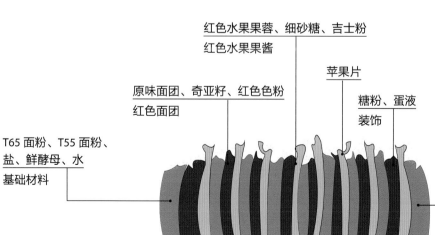

产品制作流程

01 红色水果果酱 — 10 分钟

02 苹果片 — 10 分钟

03 红色面团搅拌 — 拉开面团能形成较薄的筋膜

04 原味面团搅拌 — 拉开面团能形成较薄的筋膜

05 包黄油 — 片状黄油

06 折叠 — 起酥机，一次四折，一次三折

07 切割与整形 — 红色水果果酱，苹果片玫瑰花形

08 最终醒发 — 温度 25℃、湿度 75%，60 分钟

09 装饰 — 糖粉，蛋液

10 烘烤 — 风炉，170℃，17 分钟

小贴士

- 红色面皮搅拌结束后需松弛一段时间，避免和原味面团贴合后起酥时延展性不佳。
- 苹果要切得薄厚均匀，整体效果比较美观。

红色水果果酱

配方

红色水果果蓉	155 克
细砂糖	70 克
吉士粉	10 克

制作过程

1. 将红色水果果蓉放入锅中，加热搅拌至熔化。
2. 将细砂糖和吉士粉混合拌匀，加入到"步骤1"中，用手持搅拌球搅拌均匀，装入裱花袋，放入冰箱冷藏备用。

苹果片

配方

苹果	适量
柠檬汁	适量

制作过程

将苹果对半切开，去核，切薄片，表面刷上柠檬汁，备用。

红色面团

配方

羊角面团	200 克
红色色粉	适量
奇亚籽	15 克

制作过程

1. 搅拌：将所有材料放入搅拌桶中，搅拌至面团表面光滑，能形成较薄的筋膜。
2. 基础发酵：放在室温下，静置 20 分钟。

原味面团

配方

		烘焙百分比（%）
T65 面粉	250 克	50
T55 面粉	250 克	50
盐	10 克	0.2
细砂糖	60 克	12
鲜酵母	25 克	5
淡奶油	50 克	10
黄油	40 克	8
水	200 克	40
片状黄油	250 克	

制作过程

1. 搅拌：将除片状黄油以外的所有材料放入搅拌缸中，慢速搅拌至材料混合均匀，转中速搅拌至面团表面光滑，能形成较薄的筋膜。
2. 松弛：室温松弛 10 分钟左右，将面团整形成圆形。
3. 基础发酵：用擀面棍将面团擀成厚约 1 厘米的圆形，放入烤盘，然后放入速冻柜冷冻 15 分钟后转冷藏备用。
4. 包黄油：取出面团，将冷藏的片状黄油擀成正方形，放在面团中心，将面团从黄油边线往中心对折，四个边折完后呈正方形。
5. 折叠：将包好的面团放在起酥机上，压成长方形，一次四折，一次三折。
6. 组合：取红色面团，用擀面棍擀成和原味面团一样的方形，然后将红色面团覆盖在原味面团上，边缘包裹住。
7. 切割：用起酥机将面皮压成宽度为 40 厘米、厚度为 2 毫米的长方形。将面皮边缘切平，用滚轮刀将面皮切成长 40 厘米、宽 5 厘米的长方形，白色面皮一面朝上放在烤盘里。
8. 整形：将苹果片一片叠一片地摆放在面皮一边，苹果的一半要露出面皮，然后在另一半的面皮上挤上一条红色果酱，将面皮折叠盖在苹果片上，从一端卷至另一端，形成玫瑰花的形状，放入圆形锡纸模中，摆入烤盘。
9. 最终醒发：放入醒发箱，以温度 25℃、湿度 75%，发酵 60 分钟。
10. 烘烤：表面刷一层蛋液，放入风炉，以 170℃烘烤 17 分钟，出炉后筛上糖粉装饰。

装饰

材料

糖粉	适量
蛋液	适量

8-1   8-2

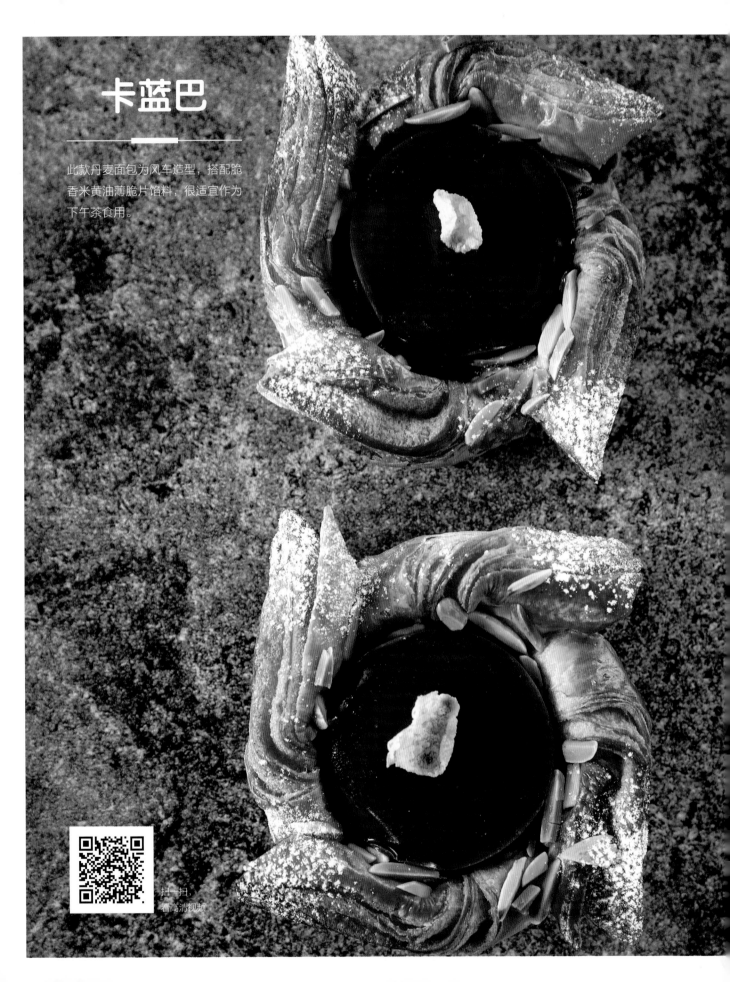

卡蓝巴

此款丹麦面包为风车造型，搭配脆香米黄油薄脆片馅料，很适宜作为下午茶食用。

扫一扫，
看高清视频

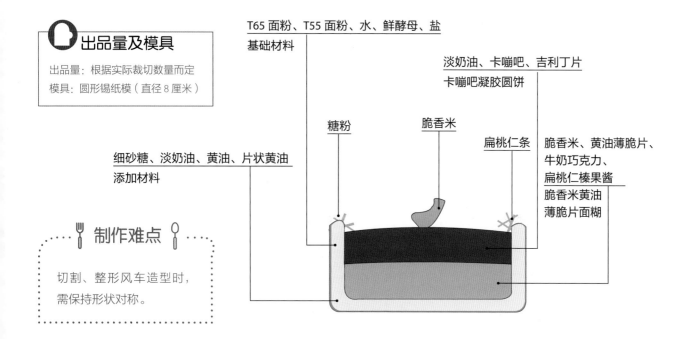

出品量及模具

出品量：根据实际裁切数量而定

模具：圆形锡纸模（直径 8 厘米）

T65 面粉、T55 面粉、水、鲜酵母、盐
基础材料

淡奶油、卡嘣吧、吉利丁片
卡嘣吧凝胶圆饼

糖粉

脆香米

扁桃仁条

脆香米、黄油薄脆片、
牛奶巧克力、
扁桃仁榛果酱
脆香米黄油
薄脆片面糊

细砂糖、淡奶油、黄油、片状黄油
添加材料

🍴 制作难点 🥄

切割、整形风车造型时，
需保持形状对称。

产品制作流程

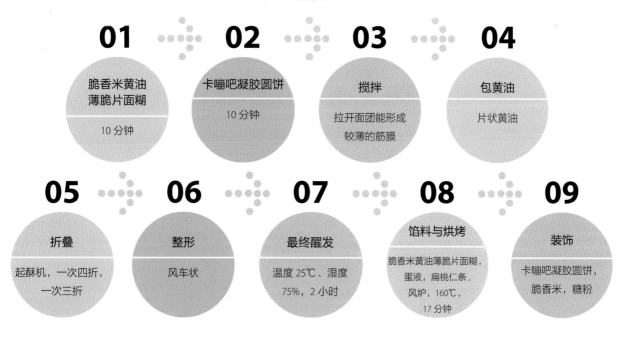

01 脆香米黄油薄脆片面糊　10 分钟

02 卡嘣吧凝胶圆饼　10 分钟

03 搅拌　拉开面团能形成较薄的筋膜

04 包黄油　片状黄油

05 折叠　起酥机，一次四折，一次三折

06 整形　风车状

07 最终醒发　温度 25℃、湿度 75%，2 小时

08 馅料与烘烤　脆香米黄油薄脆片面糊，蛋液，扁桃仁条，风炉，160℃，17 分钟

09 装饰　卡嘣吧凝胶圆饼，脆香米，糖粉

小贴士

黄油薄脆片烘焙店或网络有售，卡嘣吧是一种糖果。

脆香米黄油薄脆片面糊

配方

牛奶巧克力	60 克
扁桃仁榛果酱	110 克
脆香米	25 克
黄油薄脆片	55 克

制作过程

1. 将牛奶巧克力隔水熔化。
2. 将黄油薄脆片和脆香米混合拌匀，加入熔化好的牛奶巧克力中拌匀。
3. 加入扁桃仁榛果酱，用刮刀混合拌匀。
4. 装入圆形的硅胶连模中（25 克 / 个），放入速冻柜冷冻备用。

卡嘣吧凝胶圆饼

配方

淡奶油	120 克
卡嘣吧	120 克
吉利丁片	3 克

制作过程

准备：将吉利丁片用冷水提前浸泡。

1. 将卡嘣吧和淡奶油放入锅中，用小火慢慢加热，用橡皮刮刀搅拌至卡嘣吧熔化，加入泡好的吉利丁片，混合拌匀。
2. 将"步骤 1"倒入圆形硅胶模中，放入速冻柜冷冻备用。

主面团

配方

		烘焙百分比（%）
T65 面粉	250 克	50
T55 面粉	250 克	50
盐	10 克	0.2
细砂糖	60 克	12
鲜酵母	25 克	5
淡奶油	50 克	10
黄油	40 克	8
水	200 克	40
片状黄油	250 克	

制作过程

1. 搅拌：将除片状黄油以外的所有材料放入搅拌缸中，慢速搅拌至材料混合均匀，转中速搅拌至面团表面光滑，能形成较薄的筋膜。
2. 松弛：室温松弛 10 分钟左右，整形成圆形。
3. 基础发酵：用擀面棍将面团擀成厚约 1 厘米的圆片，放入烤盘，然后放入速冻柜冷冻 15 分钟后转冷藏备用。
4. 包黄油：取出面团，将冷藏的片状黄油擀成正方形，放在面团中心，将面团从黄油边线往中心对折，四个边折完后呈正方形。
5. 折叠：将包好的面团放在起酥机上，压成长方形，一次四折，一次三折。最终压成长 50 厘米、宽 40 厘米、厚 2 毫米的长方形面皮。

6. 整形：将面皮切割成边长 12 厘米的正方形，在每个正方形的角上用刀切出 5 厘米长的划痕，然后将每个角取一边往中心对折，折成风车的形状，放入圆形锡纸模中，摆入烤盘。
7. 最终醒发：放入发酵箱，以温度 25℃、湿度 75%，发酵 2 小时。
8. 馅料与烘烤：取出面团，将冻好的脆香米黄油薄脆片面糊脱模，放在面团中心，轻轻下压，将面团裸露的部分刷上一层蛋液，撒上扁桃仁条，放入风炉，以 160℃烘烤 17 分钟。
9. 装饰：冷却，将冻好的卡嘣吧凝胶圆饼脱模，放到面包的中心，放上一片脆香米，边缘筛上糖粉装饰。

装饰

材料

糖粉	适量
扁桃仁条	适量
蛋液	适量
脆香米	适量

巴西利亚

此款产品是一款橙味丹麦面包，造型别致。

扫一扫，
看高清视频

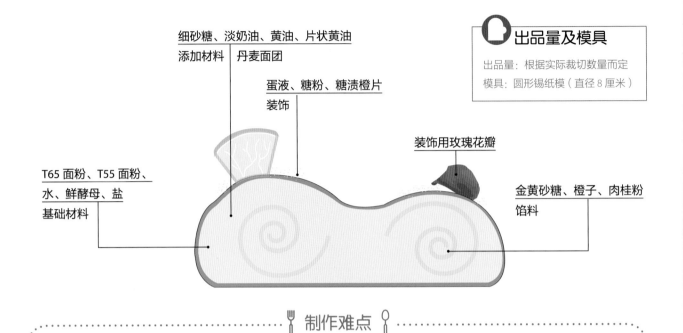

细砂糖、淡奶油、黄油、片状黄油
添加材料 丹麦面团

蛋液、糖粉、糖渍橙片
装饰

装饰用玫瑰花瓣

T65 面粉、T55 面粉、
水、鲜酵母、盐
基础材料

金黄砂糖、橙子、肉桂粉
馅料

出品量及模具

出品量：根据实际裁切数量而定
模具：圆形锡纸模（直径 8 厘米）

🍴 制作难点 🥄

制作时，室温不宜过高，也不宜将面团放在室温过久，否则会导致面团油脂熔化，影响操作。

产品制作流程

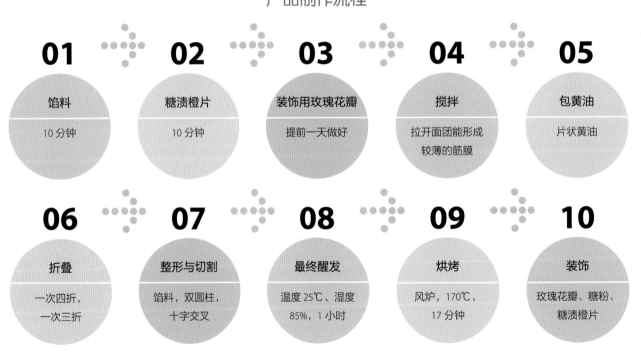

01 馅料
10 分钟

02 糖渍橙片
10 分钟

03 装饰用玫瑰花瓣
提前一天做好

04 搅拌
拉开面团能形成
较薄的筋膜

05 包黄油
片状黄油

06 折叠
一次四折，
一次三折

07 整形与切割
馅料，双圆柱，
十字交叉

08 最终醒发
温度 25℃、湿度
85%，1 小时

09 烘烤
风炉，170℃，
17 分钟

10 装饰
玫瑰花瓣、糖粉、
糖渍橙片

小贴士

糖渍橙片，可以先将橙子切片，用橙汁糖浆浸泡一下，滤干糖浆后再切成 4 小块即可。

馅料

配方

金黄砂糖	100 克
橙子	1 个
肉桂粉	1 克

制作过程

1. 将肉桂粉和金黄砂糖混合拌匀。
2. 将橙子榨取橙汁，取橙皮屑，一起加入到"步骤 1"中拌匀，浸泡，包上保鲜膜备用。

糖渍橙片

配方

鲜橙汁	160 克	细砂糖	520 克
水	360 克	橙子	1 个

制作过程

1. 将鲜橙汁和水混合放入锅中，加入细砂糖，用手持搅拌球搅拌均匀，煮沸，冷却。
2. 将橙子切片，每片分成 4 份，浸泡到糖浆中，取出沥干备用。

装饰用玫瑰花瓣

配方

玫瑰花瓣	适量	蛋白	适量
细砂糖	适量		

制作过程

取玫瑰花瓣，在每一片花瓣表面刷一层蛋白，再均匀撒上细砂糖，室温放置一天，备用。

主面团

配方

		烘焙百分比（%）
T65 面粉	250 克	50
T55 面粉	250 克	50
盐	10 克	0.2
细砂糖	60 克	12
鲜酵母	25 克	5
淡奶油	50 克	10
黄油	40 克	8
水	200 克	40
片状黄油	250 克	

装饰

材料

糖渍橙片	适量
糖粉	适量
蛋液	适量

制作过程

1. 搅拌：将除片状黄油以外的所有材料放入搅拌缸中，慢速搅拌至材料混合均匀，转中速搅拌至面团表面光滑，能形成较薄的筋膜。
2. 松弛：室温松弛 10 分钟左右，整形成圆形。
3. 基础发酵：用擀面棍将面团擀成厚约 1 厘米的圆形，放入烤盘，然后放入速冻柜冷冻 15 分钟后转冷藏备用。
4. 包黄油：取出面团，将冷藏的片状黄油擀成正方形，放在面团中心，将面团从黄油边线处往中心对折，四个边折完后呈正方形，再用起酥机压成 40 厘米 ×40 厘米的面皮，放入速冻柜冷冻 10 分钟。
5. 整形与切割：取出面皮，表面刷上蛋液，均匀撒上做好的馅料，将面团从两端向中间卷起，呈两个圆柱状，在中心处对接，将卷好的面团切分成 2.5 厘米宽，然后取 2 个面团十字交叉且切割面朝上摆放在圆形锡纸模中，放入烤盘。

6. 最终醒发：面皮边缘刷上蛋液（不刷切面），放入醒发箱，以温度 25℃、湿度 85%，醒发 1 小时。
7. 烘烤：取出，在面团表面刷上一层蛋液，放入风炉，以 170℃烘烤 17 分钟，冷却。
8. 装饰：面包表面筛适量糖粉，中心处摆放一片玫瑰花瓣，面包一端插入糖渍橙片作为装饰。

百慕大三角面包

此款包裹焦糖坚果内馅的丹麦面包，口感层次丰盈。

出品量及模具

出品量：根据实际裁切数量而定

模具：圆形锡纸模

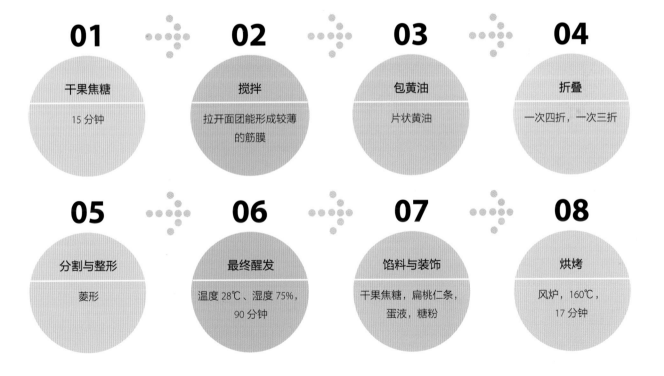

细砂糖、淡奶油、黄油、片状黄油
添加材料

扁桃仁条、蛋液、糖粉
装饰

T65 面粉、T55 面粉、水、
鲜酵母、盐
基础材料

枫树糖浆、开心果、榛子、水、
细砂糖、葡萄糖浆、淡奶油
干果焦糖

产品制作流程

01

干果焦糖

15 分钟

02

搅拌

拉开面团能形成较薄
的筋膜

03

包黄油

片状黄油

04

折叠

一次四折，一次三折

05

分割与整形

菱形

06

最终醒发

温度 28℃、湿度 75%，
90 分钟

07

馅料与装饰

干果焦糖，扁桃仁条，
蛋液，糖粉

08

烘烤

风炉，160℃，
17 分钟

小贴士

可以将干果焦糖替换成黄桃块或樱桃蜜饯等，做成水果味丹麦面包。水果罐头切块后需吸干水分再放置在面团上。

干果焦糖

配方

细砂糖	160 克
葡萄糖浆	64 克
水	80 克
淡奶油	112 克
枫树糖浆	24 克
开心果	80 克
榛子	80 克

制作过程

1. 将细砂糖、葡萄糖浆和水放入锅中，持续加热，熬成焦糖。
2. 加入淡奶油和枫树糖浆，立即用刮刀搅拌均匀，最后加入开心果和榛子搅拌均匀。
3. 将做好的干果焦糖填入圆形硅胶连模中，放入速冻柜冷冻备用。

主面团

配方

		烘焙百分比（%）
T65 面粉	250 克	50
T55 面粉	250 克	50
盐	10 克	0.2
细砂糖	60 克	12
鲜酵母	25 克	5
淡奶油	50 克	10
黄油	40 克	8
水	200 克	40
片状黄油	250 克	

装饰

材料

扁桃仁条	适量
糖粉	适量
蛋液	适量

制作过程

1. 搅拌：将除片状黄油以外的所有材料放入搅拌缸中，慢速搅拌至材料混合均匀，转中速搅拌至面团表面光滑，能形成较薄的筋膜。
2. 松弛：室温松弛 10 分钟左右，将面团整形成圆形。
3. 基础发酵：用擀面棍将面团擀成厚约 1 厘米的圆形，放入烤盘，然后放入速冻柜冷冻 15 分钟后转冷藏备用。
4. 包黄油：取出面团，将冷藏的片状黄油擀成正方形，放在面团中心，将面团从黄油边线往中心对折，四个边对折完后呈正方形。
5. 折叠：将包好的面团放在起酥机上，压成长方形，一次四折，一次三折，最终压成长 38 厘米、厚 0.4 厘米的长方形面皮，放入烤盘，包上包面纸，放入冰箱冷藏 30 分钟。
6. 分割与整形：取出面团，用滚轮刀切成 12 厘米 ×12 厘米的正方形，将正方形沿着对角线对折，用刀切出距离边缘 1 厘米的平行线（5 厘米长），展开面皮，刷少许蛋液，将两个边交叉对折成菱形贴在面团上，再放入圆形锡纸模中，摆入烤盘。
7. 最终醒发：放入醒发箱，以温度 28℃、湿度 75%，发酵 90 分钟。
8. 馅料与装饰：取出面团，将脱模的干果焦糖放在面团中间，面团边缘刷上蛋液，放适量扁桃仁条。
9. 烘烤：放入风炉，以 160℃，烘烤 17 分钟，冷却，在面包一角筛上糖粉作为装饰。

6-1　6-2

卡布奇诺结

此款丹麦面包采用双色面皮，整形成球状粹子，加入了
可可粉的面团散发出巧克力的芳香。

扫一扫,
看高清视频

类别	小配方名称	小配方所在产品名称	页码
馅料	牛奶米	焦糖牛奶米布里欧修	086
馅料	焦糖酱	焦糖牛奶米布里欧修	086
馅料	苹果丝馅料	古典布里欧修	092
馅料	肉桂焦糖饼	咖啡空间	187
馅料	咖啡烤布蕾	咖啡空间	187
馅料	柠檬卡仕达酱	夕阳面包	095
馅料	橙子扁桃仁馅	珍宝面包	196
馅料	椰子利口酒面糊	加勒比面包	199
馅料	苹果覆盆子面糊	诺曼底面包	202
馅料	红色水果果酱	粉红女郎	205
馅料	脆香米面糊	卡蓝巴	208
馅料	橙子砂糖馅	巴西利亚	211
馅料	干果焦糖馅	百慕大三角面包	214
馅料	咖啡巧克力馅	卡布奇诺结	217
馅料	卡仕达酱	牛奶面包	056
馅料	卡仕达酱	菠萝可可	062
装饰	碱水	德国辫子	142
装饰	碱水	德国结	136
装饰	碱水	德国小结	139
装饰	占度亚糊	夕阳面包	095
装饰	芝麻香料	夏巴挞	184
装饰馅料	扁桃仁膏	松软巧克力布里欧修	079
装饰馅料	巧克力碎	太极布里欧修	084
装饰馅料	扁桃仁膏	柑橘布里欧修	089
装饰馅料	虎斑纹面糊	虎斑纹面包	128
装饰馅料	椰子凝胶饼	加勒比面包	199

创意食品开发

博物馆、景区土特产、农产品、IP美食开发

Creative Food Development

食品研发、包装设计、成品打样、批量生产、创意设计一体化快速开发
产品解决方案供应商

土特产
鸡头米饮品

幸福西饼
面包

咖啡line
西点、甜点

世园会
巧克力瓷器

旺山景区
西餐

王森美食文创